第 2 版

动物和动物产品
进口风险分析手册

第一卷

简介与定性风险分析

世界动物卫生组织（OIE） 编
中国动物卫生与流行病学中心 组译
宋建德 史喜菊 主译

U0239291

中国农业出版社
北 京

◎ 版权

OIE（世界动物卫生组织）

12，rue de Prony，75017 巴黎，法国

电话：33 -（0）1 44 15 18 88

传真：33 -（0）1 42 67 09 87

http：//www.oie.int

第一卷：第 1 版（2004），ISBN：92 - 9044 - 629 - 3

第 2 版（2010），ISBN：978 - 92 - 9044 - 807 - 5

第二卷：第 1 版（2004），ISBN：92 - 9044 - 626 - 9

再次印刷（2010），ISBN：978 - 92 - 9044 - 626 - 2

封面：ⓒ P. Blandin（OIE）

译审人员

主　译：宋建德　史喜菊
译　者：朱　琳　王　栋　武彩红　高向向
　　　　袁丽萍　王梦瑶　孙映雪　孙荣钊
主　审：张秀娟

第1版（2004版）作者

主　编：Noel Murray　　　　　　　新西兰农林部
合著者：Stuart C. MacDiarmid　　　新西兰农林部
　　　　Marion Wooldridge　　　　英国兽医实验署
　　　　Bruce Gummow　　　　　　南非比勒陀利亚大学兽医学院
　　　　Randall S. Morley　　　　　加拿大食品检验署
　　　　Stephen E. Weber　　　　　流行病学和动物卫生中心，
　　　　　　　　　　　　　　　　美国柯林斯堡
　　　　Armando Giovannini　　　　意大利动物疫病防控研究院，
　　　　　　　　　　　　　　　　阿布鲁佐和莫利塞
　　　　David Wilson　　　　　　　OIE 国际贸易部

致 谢

第 2 版

由世界动物卫生组织总干事 Bernard Vallat 召集的特别工作组在第 1 版《动物和动物产品进口风险分析手册：第一卷　简介与定性风险分析》（2004 版）的基础上修订和编辑。

Gideon Brückner（特别工作组组长）
OIE 动物疫病科学委员会　主席
南非

Stuart MacDiarmid
新西兰农林部

Noel Murray
加拿大食品检验署

Frank Berthe
欧盟食品安全署
意大利

Christine Müller‑Graf
德国联邦风险评估研究所

Katsuaki Sugiura
日本食品和农资检验中心

Cristóbal Zepeda
OIE 动物疫病监测系统和风险分析协作中心
美国农业部，动植物检疫署，兽医局，流行病学和动物卫生中心

Sarah Kahn
OIE 国际贸易部

Gillian Mylrea
OIE 国际贸易部

前 言

进口动物和动物产品会给进口国或地区带来一定程度的疫病风险。这种风险可能由一种或几种疫病或病原体引起。世界贸易组织（WTO）《实施卫生与植物卫生措施协定》（简称《SPS协定》）允许WTO成员在制订卫生措施以防范此类风险时有两种选择。《SPS协定》强烈鼓励各成员以OIE《陆生动物卫生法典》（简称《陆生法典》）和《水生动物卫生法典》（简称《水生法典》）等国际标准为基础制订国内卫生措施。但是，在没有相关标准的情况下，或成员选择采取比国际标准保护水平更高的措施时，科学的风险分析对于确定特定商品的进口是否对人类或动物健康构成重大风险至关重要，以及如果有重大风险，应采取何种措施将这种风险降低到可接受水平。根据《SPS协定》，对进口产品采取的保护水平不应高于对具有类似SPS风险国或地区内产品的保护水平。

风险分析是一种工具，旨在为决策者提供对特定行动过程所带来风险的客观、可重复和有据可查的评估。作为一门不断发展的重要学科，进口风险分析的主要目的是为进口国或地区提供一种客观、可靠的方法来评估与动物及动物产品进口有关的疫病风险。

《动物和动物产品进口风险分析手册》第一卷于2004年首次出版，介绍了进口风险分析的概念，讨论了定性风险分析。第二卷也于2004年首次出版，论述了定量风险分析。2009年，由国际知名专家组成的OIE工作组对第一卷内容进行了修订，形成了第2版。本学科的关键问题在

《SPS 协定》提供的框架及 OIE 法典关于风险分析的章节内进行了阐述。除了考虑到新内容外，对第一卷修订的主要目的是通过提供经过检验的实际示例使其更适合用作培训工具，尤其是对发展中国家的兽医。

本手册将为有进口风险分析需求的兽医机构提供宝贵的实践指导，以确保利益相关者、风险分析人员和决策者确信已识别出疫病风险并可以对其进行有效管理。本手册也可用作教参，满足该学科对能力建设的迫切需求。

在此，我衷心感谢代表 OIE 编写本书的专家们和国际贸易部。

除了出售出版物外，OIE 还在线出版该手册，以确保兽医机构及全球利益相关者都可以获取这些重要信息。

Bernard Vallat 博士

世界动物卫生组织（OIE）总干事

2010 年

术 语

不同的学科可能会使用不同定义的技术术语。本手册中适用的定义如下：

可接受风险（Acceptable risk）：指OIE各成员认为与其境内动物和公共卫生保护相适应的风险水平。《SPS协定》中对应的术语是适当保护水平（ALOP）。

水生法典（*Aquatic Code*）：OIE《水生动物卫生法典》。

商品（Commodity）：指活动物、动物源性产品、动物遗传物质、生物制品和病理材料。

主管部门（Competent Authority）：指OIE成员兽医当局或其他政府部门，其职责和权限是保障或监管境内动物卫生及福利措施、国际兽医认证以及《水生法典》和《陆生法典》中的其他标准和建议的实施。

后果评估（Consequence assessment）：指阐明特定生物病原体暴露与暴露后果的关系。因果关系必须成立，即暴露会给健康或环境带来不利后果，进而可能引起社会经济后果。后果评估需要阐明某种暴露的潜在后果并计算其可能发生的概率。

传入评估（Entry assessment，以前也称作释放评估Release assessment）：指描述进口活动向某一特定环境"释放"（即引入）病原体的必需生物途径，并定性或定量地评估全过程发生的概率[①]。

暴露评估（Exposure assessment）：指描述进口国或地区动物和人类暴露于某危害因子（本手册中指病原体）的必需生物途径，并定性或定量地评估暴露概率。

危害（Hazard）：指可能对动物健康或动物产品安全造成不良影响的生物、化学或物理因子，或者动物或动物产品受威胁的状态。

危害识别（Hazard identification）：指识别可能通过进口有关商品而引入的病原体的过程。

定性风险评估（Qualitative risk assessment）：指用定性语言如"高""中""低"或"可忽略"等来表示结果的可能性或后果程度的评估活动。

定量风险评估（Quantitative risk assessment）：指用数字表示风险评估结果的评估活动。

---

① 术语"可能性（likelihood）"和"概率（probability）"可以互换使用。当指量化风险时，倾向于使用"概率"，而对风险进行定性评估时，则倾向于使用"可能性"。但是，两个术语都是正确的。

风险（Risk）：指危害动物或人类健康事件发生的概率及其对生物和经济的影响程度。

风险分析（Risk analysis）：指包括危害识别、风险评估、风险管理和风险交流的过程。

风险评估（Risk assessment）：指评估危害传入进口国或地区并进行定殖和传播的可能性及其对生物和经济的影响程度。

风险交流（Risk communication）：指风险分析过程中，风险评估者、风险管理者、风险沟通者、普通公众以及其他有关各方就风险、风险相关因素和风险认知等相互交流信息和意见。

风险估计（Risk estimation）：是指综合传入评估、暴露评估和后果评估的结果，测算危害因子的总体风险量的过程。

风险评价（Risk evaluation）：将风险评估中估计的风险与成员相应的保护水平进行比较的过程。

风险管理（Risk management）：指确认、选择并实施降低风险水平措施的过程。

卫生措施（*Sanitary measure*）：指 OIE 成员为保护境内动物或人类的健康或生命，防止危害传入、定殖和/或传播的风险而采取的措施，如《水生法典》和《陆生法典》各章节所提及的各项措施。

陆生法典（*Terrestrial Code*）：指 OIE《陆生动物卫生法典》。

透明度（Transparency）：指用于风险分析的所有数据、信息、假设、方法、结果、讨论和结论等完整文献资料的公开程度。结论应以客观和逻辑的讨论为依据，应注明全部参考文献。

不确定性（Uncertainty）：是指构建评估情景时，由于测量误差或缺乏所需步骤以及从危害到风险的途径的知识，而导致缺乏输入值的精确知识。

变异性（Variability）：指现实世界的复杂性，其中由于给定群体的自然多样性，每种情况的输入值都不相同。

兽医主管部门（Veterinary Authority）：指 OIE 成员内由兽医、其他专业人员和兽医辅助人员组成的政府主管机构，其职责是在其领土内保障或监督动物卫生和动物福利措施的实施、国际兽医的认证以及《水生法典》和《陆生法典》规定的其他标准和建议的实施。

兽医机构（Veterinary Services）：在本国或地区内实施动物卫生和动物福利措施，以及《水生法典》和《陆生法典》规定的其他标准和建议的政府和非政府组织。兽医机构由兽医主管部门全面监管和指导。私立性组织、兽医、兽医辅助人员或水生动物卫生专业人员通常需要经兽医主管部门认可或批准后，才可履行其规定职能。

缩略语

AHS	非洲马瘟
CITES	濒危野生动植物种国际贸易公约
FAO	联合国粮食及农业组织
HACCP	危害分析与关键控制点
IPPC	国际植物保护公约
ISPM	国际植物检疫措施标准
NAS	美国国家科学院
NRC	美国国家研究理事会
OIE	世界动物卫生组织
SPS 协定	实施卫生与植物卫生措施协定
WTO	世界贸易组织

目 录

第 2 章　应用 OIE 风险分析框架

第 3 章　风险交流

图片、表格、专栏目录

图　片

表　格

专　栏

第1章 进口风险分析简介

1 简介

该手册是以世界动物卫生组织（OIE）《陆生动物卫生法典》（《陆生法典》）和《水生动物卫生法典》（《水生法典》）为基础，目的是为动物和动物产品进口定性风险分析提供一种国际性参考书。

动物卫生风险分析是一门相对较新且不断发展的学科。本手册概述了有关世界贸易组织（WTO）"实施卫生与植物卫生措施协定"（《SPS 协定》）的国际义务，并提供了基于以上《法典》标准的风险分析过程框架。其目的是确保利益相关者、风险分析人员和决策者可以确信由进口商品引起的疫病风险能够被有效识别和管理。

定性分析方法适用于大多数进口风险分析，并且是目前常规进口决策中最常见的评估类型。但是，在某些情况下，可能需要开展定量风险分析。例如，对特定问题做进一步了解，确定关键步骤或比较不同的卫生措施。定量分析方法涉及建立数学模型来链接风险途径的步骤（以数字形式表示），结果也以数字形式表示。有关定量风险分析的详细说明，请参阅《动物和动物产品进口风险分析手册》的第二卷（OIE，2004 版）。

动物进口风险分析是以结构化的方式指导决策过程，以有效管理进口相关的疫病风险：如进口活动物、精液、胚胎/卵子、生物制品、病理材料；进口用于人类消费、动物饲料、制药或外科治疗、农业用或工业用的商品等。本书中的风险有两个组成部分：①疫病传入进口国或地区，并在进口国或地区定殖或扩散的"可能性①"；②其对动物或人类健康、环境及经济的影响。

决策者总是开展某种形式的风险分析，或用各种替代方法来指导某种特定商品进口可行性的决策。然而，直到 20 世纪 90 年代初，特别是在实施《SPS 协定》以及承认 OIE 标准作为该协定的参考标准之后，才制订了文件化的方法，并出现了透明的程序。

---

① 术语"可能性（likelihood）"和"概率（probability）"可以互换使用。当指量化风险时，倾向于使用"概率"，而对风险进行定性评估时，则倾向于使用"可能性"。但是，两个术语都是正确的。

OIE、国际植物保护公约和国际食品法典委员会（《SPS 协定》认可的标准制定组织）都制订了风险分析方法指南，用于帮助决策者回答以下问题：

- 会出什么问题呢？
- 出问题的可能性是多大？
- 若出差错，会带来什么后果？
- 做什么可以减少出问题的可能性和/或后果？

在进行定性风险分析时，必须系统地完成许多重要步骤，同时使评估尽可能简单。这些步骤包括：

（1）确定风险分析范围；

（2）清楚明确地阐明要回答的问题；

（3）组建团队；

（4）制订风险交流策略；

（5）确定所需的信息；

（6）确定方法：

- 确定风险评估每个步骤可用的信息
- 确定目标群体
- 估计危害传入的可能性
- 估计易感动物或人暴露于危害的可能性
- 估计易感动物或人暴露于危害的可能后果
- 决定是否需要采取风险管理措施；

（7）检查可用的风险管理策略；

（8）制订风险管理措施计划；

（9）记录每个变量的假设、证据、数据和不确定性；

（10）为便于交流，考虑以何种方式呈现数据和结果；

（11）对风险分析结果进行同行评审，并提出意见；

（12）发布完整的风险分析报告。

风险分析是一个结构化的过程，旨在面对不确定性时帮助决策。尽管风险分析力求客观，但通常缺乏必要的数据。因此，假设是不可避免的，并且为了透明起见，必须明确合理地提出这些假设。虽然本卷和第二卷（OIE，2004 版）的重点是关于动物和动物产品进口风险分析，但我们希望读者会发现本手册中描述的技术可用于面对不确定性时的所有动物卫生决策。

2　什么是风险？

风险常常被定义为遇到某种形式的危害、损失或损害的机会。它包含两个要素：发生某事件的机会或概率；某事件确实发生后导致的后果。因为风险具有偶然性，人们不可能准确预测将会发生什么，但是可以计算任何特定结果发生的概率。

另外，风险的第三个要素也需要考虑。很多行为被认为是"危险的"，比如生活在核电站附近，而其他的行为则通常就不被认为危险，如走下楼梯。虽然核电站发生事故的后果可能是毁灭性的，但是现代反应堆发生事故的机会极其微小。同样，从楼梯跌落对于个人来说后果可能挺严重，但这种事故发生的概率也很小。那么，为什么认为一个行为比另外一个更具有"危险性"呢？答案在于人们认知风险的方式，诸如是否自愿承担风险、后果的严重程度，人们对其熟悉程度、惧怕程度及其可预防性等问题都会影响人们对风险的认知。

3　风险分析方法

根据术语"风险分析"含义的不同，不同学科和国家中相关术语也有所不同。比如，有的地方把估计特定风险发生概率及其影响的过程定义为"风险分析"，而在进口风险分析中，这个过程称为"风险评估"，术语"风险分析"则是指一个更宽泛的过程，包含了从危害识别、定性或定量风险评估到结果管理决策的一系列步骤。进口风险分析也包括在整个过程中与利益相关者的沟通交流。

风险分析过程通常由 4 部分构成：
- 危害识别；
- 风险评估；
- 风险管理；
- 风险交流。

然而，即便在生物领域也有好几套术语用来描述风险分析过程。《法典》中采用的术语体系是动物卫生领域最常用的，本书也采用这一体系。它以 Covello 和 Merkhofer 最先描述的体系（1993）为基础。在这套术语中危害识别是一个独立的步骤，也是第一步，风险评估在危害识别之后。风险评估过程包含 4 个步骤：传入评估、暴露评估、后果评估和风险估计（图 1）。

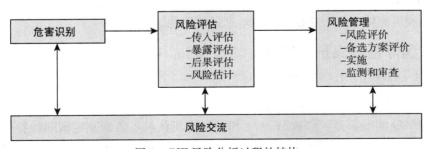

图 1　OIE 风险分析过程的结构

3.1　国际食品法典委员会（Codex Alimentarius Commission）

生物风险评估中常用的另一套术语是美国国家科学院-国家研究理事会（NAS-NRC）模型（NRC，1983）中的术语。联合国粮食及农业组织（FAO）/世界卫生组织（WHO）国际食品法典委员会（Codex Alimentarius Commission）专门使用这套术语来开展微生物食品安全风险评估。为了避免混淆，在此简要描述了 NAS-NRC 模型及其派生的国际食品法典体系（Codex 体系），因为进口风险分析人员可能会在其他情况下遇到这些模型。

NAS-NRC 体系把风险评估分为四个步骤：危害识别、危害特征描述、暴露评估和风险特征描述。在 NAS-NRC 体系中，危害识别是风险评估的一个步骤，而在 OIE 体系中它是位于风险评估之前的步骤。Codex 体系中的暴露评估包括 OIE 体系的传入评估和暴露评估两个部分。两个体系的其他不同之处就是后果评估，NAS-NRC 体系中称作危害特征描述，而在 OIE 体系中称为后果评估（图 2）。

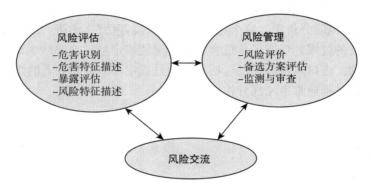

图 2　NAS-NRC 模型风险分析过程的结构

NAS-NRC 体系是为了满足对环境、食品等中的化学物质设定最高限量的需要而开发的。因此，运用该体系进行风险评估旨在回答以下问题："允许人暴露于某种有害物质（或病原体）的最大限量是多少？"因此，该模型中所用的框架被设计为一种监管工具，用于设定食品中"允许""可接受"或"可容忍"的污染物和病原体水平，这也是毒理学家最常用的体系。

3.2　国际植物保护公约（International Plant Protection Convention，简称 IPPC）

在有关植物卫生的国际规范方面，类似于 OIE 的标准制定组织是 IPPC。IPPC 是 FAO 的一部分，并被 WTO-SPS 协定所认可，负责制定国际植物检疫措施标准（International Standards for Phytosanitary Measures，ISPMs），指导各国政府在开展国际植物及植物制品贸易时，保护本国植物资源免受害虫侵害。ISPM 第 11 号标准为开展有害生物风险分析（PRAs）提供了指导性原则，以确定某种有害生物是否对其不存在或处于官方控制之下的地区具有潜在的经济影响。这种有害生物被称为"检疫性有害生物"。

对于某个特定区域，PRA 的目的在于识别检疫性有害生物和/或途径，评估存在的风险、识别受威胁区域，如果条件允许的话，还包括确定风险管理措施。检疫性有害生物的 PRA 过程包括以下 3 个步骤：

• 第一步（过程启动）　识别何时有害生物和/或途径是检疫相关的，并应在后续的风险评估中予以考虑；

• 第二步（风险评估）　首先把有害生物进行分类，以确定其是否满足检疫性有害生物的标准；然后进行风险评估，以评估有害生物传入和扩散的可能性以及潜在的经济后果；

• 第三步（风险管理）　确定风险管理方法以降低第二步所识别出的风险；评估这些方法的有效性、可行性和影响，以便选择最佳方法（图 3）。

这些步骤与《法典》中描述的相似，主要的不同点是 IPPC 将有害生物分类（相当于危害识别）包括在风险评估中，而不将其作为单独的步骤。IRAs 和 PRAs 的结果通常用相同的术语进行描述。

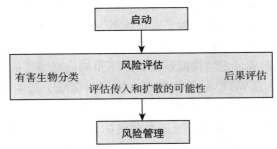

图 3　IPPC 有害生物风险分析（PRA）过程的结构

3.3　世界动物卫生组织（World Organisation for Animal Health，OIE）

OIE 采用的 Covello 和 Merkhofer 风险评估模型（1993）旨在评估既定情况下产生特定结果的实际风险程度。它用来确定所面临的风险是否可接受，或者是否需要采取卫生措施将风险降低到可接受水平。该体系的风险评估旨在回答以下问题："由暴露于来自确定释放源的特定物质或病原体所产生特定结果（对人类健康、动物健康、经济或环境产生不利影响）的可能性是多大？"该体系比 NAS‐NRC 体系更通用，可应用于各种风险问题，成为许多风险评估人员的首选体系。

4 动物及动物产品进口风险分析

动物及动物产品的进口会给进口国或地区带来一定程度的疫病风险。对于一次进口可能存在多种风险。

进口风险分析的根本目的是为进口国或地区提供一种客观可靠的方法，来评估与动物、动物产品、动物遗传物质、饲料、生物制品和病理材料等进口有关的疫病风险。透明度（即对所有数据、信息、假设、方法、结果、讨论和结论进行完整记录）至关重要，因为数据往往是不确定或不完整的；如果没有完整的记录，事实与分析人员的价值判断之间的区别可能会混淆。为了向贸易伙伴和利益相关者提供风险管理决策的明确理由，透明度也是必不可少的。

5 世界贸易组织（WTO）实施卫生与植物卫生措施协定（《SPS协定》）

WTO成员具有一定的权利和义务。根据《实施卫生与植物卫生措施协定》（《SPS协定》）（WTO，1994），为了保护人类、动物或植物的生命或健康，成员可在必要的限度内实施相应的卫生或植物卫生措施。这些措施既不能任意运用，也不能在情形相似的成员之间构成歧视，还不得构成对贸易的变相限制。

《SPS协定》要求WTO成员依据现有的国际标准、指南和建议制订自己的卫生措施。但是，如果有科学理由，或认为有关文本规定的措施所提供的保护水平不足，则各成员可以采取比这些文本提供的保护水平更高的措施。这种情况下，成员有义务依据风险评估采取此类措施，并采取一致的风险管理方法。

《SPS协定》承认OIE是负责制定和推广动物卫生和人畜共患病国际标准、指南和建议的国际组织。与动物和动物产品贸易相关的国际标准已在《陆生法典》（针对哺乳动物、鸟类和蜜蜂）和《水生法典》（针对两栖动物、甲壳类动物、鱼类和软体动物）中发布。

5.1 《SPS协定》中涉及的风险分析类型

《SPS协定》适用于SPS措施，SPS措施被定义为用于解决以下问题的措施：

- 虫害或疫病引起的动物或植物卫生风险；
- 动物、植物或其产品携带疫病引起的人类卫生风险；
- 食品或饲料安全风险引起的人或动物卫生风险；

• 虫害引起的其他损害的风险。①

这些措施必须基于国际标准或风险评估（《SPS 协定》第 3.1、3.3、5.1 条）。

在《SPS 协定》中，"风险评估"一词有两层含义，一是指食品安全风险，二是指虫害或疫病风险（《SPS 协定》附件 A，第 4 段）。根据上述含义，食品安全风险评估应解决"食品、饮料或饲料中存在的病原体、添加剂、污染物或毒素对人或动物健康造成不利影响的可能性"。食品安全风险评估在本书中不再进一步赘述。

> 虫害或疫病风险评估定义为：
>
> 　根据可能采取的卫生或植物卫生措施，对虫害或疫病在进口成员境内传入、定殖或传播的可能性，以及潜在的生物学和经济后果进行的评估（《SPS 协定》附件 A，第 4 段）。

5.2　风险分析中考虑的因素

成员应考虑相关国际组织（包括 OIE 在内）建立的风险评估技术（《SPS 协定》，第 5.1 条）。

根据提交至 WTO 争端解决机制的案件判例，风险评估应包括以下 3 个步骤（WTO，1998a，1998b）：

（1）确定成员希望阻止传入其境内并定殖或传播的疫病，以及与这些疫病的传入、定殖或传播相关的潜在生物学和经济后果；

（2）评估这些疫病传入、定殖或传播的可能性，以及相关的潜在生物学和经济后果；

（3）根据可能采取的 SPS 措施，评估这些疫病传入、定殖或传播的可能性。

此外，《SPS 协定》（第 5.2 条）还确定了以下需考虑的科学和生物学因素：

• 可获得的科学证据；

• 相关工序和生产方法；

• 相关的检查、抽样和检验方法；

• 特定疫病或虫害流行情况；

• 病虫害非疫区的存在；

• 根除或控制计划的存在；

• 相关生态和环境条件；

---

① 《SPS 协定》附件 A 第 1 段。这些措施包括所有相关法律、法令、法规、要求和程序，特别包括最终产品标准；工序和生产方法；检验、检查、认证和批准程序；检疫处理，包括与动物或植物运输有关的或与在运输过程中为维持动植物生存所需物质有关的要求；有关统计方法、抽样程序和风险评估方法的规定；以及与食品安全直接相关的包装和标签要求。

•检疫或其他处理方法。

需要考虑的相关经济因素如下（《SPS协定》第5.3条）：
•由于病虫害的传入、定殖或传播造成生产或销售损失的潜在损害；
•控制或根除的费用；
•采用替代方法控制风险的相对成本效益。

5.3　评价风险

病虫害风险评估要求评估疫病传入、定殖或扩散的可能性，以及相关生物学和经济后果。OIE制定了标准（《陆生法典》和《水生法典》），要求用概率术语表述风险，而不仅仅用"可能性"表述。因此，仅得出"风险有出现的可能"这种结论是不够的，必须对风险可能性进行定性或定量评估。

证明不存在风险是很难的。在进口风险分析中不应考虑纯粹假设的风险（WTO，1998a）。然而，此类风险可能需要通过风险交流予以解决。

5.4　分别评估疫病或虫害风险

风险评估必须以特定危害为基础来识别风险。也就是说，必须单独识别与特定危害有关的风险，而不是简单地解决与所有危害组合相关的总体风险。这是因为每种危害可能表现不同。然而，与一种危害相关的某些风险评估要素可能适于评估另一种危害产生的风险，所以对危害逐个进行评估可能出现重叠。对一种关注危害进行专门评估时可以选择一项卫生措施，这项措施应足够解决一系列危害。这种情况下，可能就不需要对其他危害所产生的风险进行全面评估（WTO，1998b）。也就是说，相对简短的风险评估就足以证明为一种危害选择的卫生措施能够解决所有的危害。

5.5　根据可能采取的措施评估疫病或虫害风险

《SPS协定》要求，疫病或虫害风险评估应依据可能采用的SPS措施来评估疫病传入、定殖或扩散的可能性。因此，不能仅仅确定一系列可能降低风险的措施，而是措施和风险评估之间必须存在合理的关联，这样评估结果才能支持所选择的措施。每项措施必须单独评估或与其他措施联合评估，以确定其在降低疫病总体风险方面的相对有效性（WTO，1998a）。

5.6　风险分析力求客观

虽然风险分析不可避免地包括主观成分，但《SPS协定》中有很多因素，包括"相关国际组织开发的风险评估技术""可用的科学证据"和"科学原理"，运用这些因素时应该尽可能保持客观。客观程度必须使评估达到较高的置信水平，特别是在风险等级的评估方面（WTO，2000）。

5.7　处理不充分的信息

根据《SPS 协定》第 5.7 条，在科学证据不足的情况下，可根据现有相关信息临时采取相应措施，但是还应该积极收集其他信息，以便在合理的时间内进行更客观的风险评估（WTO，1994）。尽管所谓的"预警原则[①]"没有写入《SPS 协定》，但作为证明某措施与《SPS 协定》不一致的理由，它在协定尤其是第 5.7 条内容中有所反映。"预警原则"并不能凌驾于《SPS 协定》要求之上，即卫生或植物卫生措施应以国际标准（这里指《法典》）或考虑现有科学证据的风险分析（WTO，1998c）为基础。

5.8　等效性

进口风险分析中常常出现等效性问题。等效性是指不同卫生措施达到相同目标的能力。《SPS 协定》要求，如果出口成员客观地向进口成员证明其采用的措施达到了进口成员适当的卫生保护水平，则各成员应将其他成员的措施作为等效措施予以接受，即使这些措施不同于进口成员自己的措施，或不同于从事相同产品贸易的其他成员使用的措施（《SPS 协定》第 4 条）[②]。

5.9　区域化

《SPS 协定》第 6 条涉及"区域化"概念。要求成员有义务保证其卫生措施适应产品的产地和目的地的卫生特点，无论该地区是一国的全部或部分地区，还是几个国家的全部或部分地区。在评估一地区的卫生特点时，各成员应特别考虑特定疫病的流行程度、是否存在根除或控制计划以及相关的 OIE 标准。

无疫区和低度流行区的确定应基于地理、生态系统、流行病学监测以及卫生控制的有效性等因素。

若出口国或地区希望应用区域化原则，则应该提供相关证据来支持其主张，并使贸易伙伴获得进行检查、检验及其他有关程序的合理机会。

WTO - SPS 委员会已经发布了实施第 6 条（G/SPS/48，2008 年 5 月 16 日）的指南，《法典》中也包含了一些标准，为希望应用区域区划和生物安全隔离区划概念的成员提供指导。后一个概念类似于区域化。这两个概念都是基于建立卫生状况与普通群体不同的动物亚群。对于"区域区划"，隔离主要是基于物理因素，如地理和物理屏障。对于"生物安全隔离区划"，隔离主要是基于管理因素。

---

① 《里约环境与发展宣言》（联合国，1992）原则 15 通常被称为预警原则。该原则指出，"为了保护环境，各国应根据其能力广泛采取预防措施。凡有可能造成严重的或不可挽回的损害的地方，不能把缺乏充分的科学肯定性作为推迟采取防止环境退化的费用低廉的措施的理由"。

② SPS 委员会已经通过《关于实施〈SPS 协定〉第 4 条的决定》（G/SPS/19/Rev. 2）。

但是，在区域和生物安全隔离区中，生物安全对于防止特定病原体从卫生状况差的群体传入卫生状况好的亚群至关重要。

在任何风险评估中，动物或动物产品导致的疫病状况是评估某种病原体存在概率的关键因素。如果评估涉及来自官方认可的特定疫病状况的国家、区域、地区或生物安全隔离区的动物或产品，风险评估人员应考虑《SPS 协定》第 6 条的规定和相关的 OIE 标准和建议。

5.10　通报其他 WTO 成员

当 WTO 成员打算采取一项新措施或对影响国际贸易的现有措施进行改变时，特别是在该措施与国际标准、指南和建议在实质上完全不同的情况下，必须通报其他成员。除紧急情况外，应该留出足够的时间来考虑其他成员的意见、进行修正并让出口商适应。如果情况紧急，成员可以在不事先通知其贸易伙伴情况下先采取措施，但仍需（事后）通报，简要说明该措施的目的和理由，包括紧急情况的性质。此外，允许其他成员发表评论，并考虑这些评论（《SPS 协定》第 7 条和附件 B）。

6　其他国际协议和国内法规规定的义务

风险分析人员有义务遵守本国认可的国际公约和协议，如《濒危野生动植物种国际贸易公约》（CITES，1973）、《生物多样性公约》或其他关于保护环境和生物多样性的公约。外来入侵物种风险分析初步指南可从《生物多样性公约》秘书处获得（CBD，1993）。

根据国内法规，风险分析人员可能承担特定义务。这些义务可能直接适用于动物和动物产品进口，也可间接适用于公共卫生风险、环境保护、植物卫生和生物防治制剂。这些关注领域的相关分析可能由兽医机构以外的政府机构承担。

7　《陆生法典》与《水生法典》

《陆生法典》和《水生法典》收录了《SPS 协定》中涉及的与动物及动物产品进口风险分析有关的标准。

《陆生法典》是由 OIE 陆生动物卫生标准委员会编撰的出版物，包括了防止在动物、动物产品和动物遗传物质贸易期间病虫害传入进口国或地区的标准、指南和建议；《水生法典》是由水生动物卫生标准委员会编撰。

《法典》目的在于确保动物及动物产品国际贸易卫生安全，避免对动物或人类致病的病原体扩散。《法典》中的标准是根据风险分析原则制定的，并需经过

OIE 成员（国家或地区）专家的科学的同行评审。这是在决定开展进口风险评估之前就应考虑的一个重要概念，无论是即使一国存在某种疫病情况下仍可安全贸易的商品，还是建议出口国或地区必须采取某些降低风险的措施来保证安全贸易的商品，因为《法典》中的标准本身就代表了风险评估的结果。

OIE 成员提出的制定新标准或修改现有标准的建议将由相关的 OIE 专业委员会处理。新的或修改的标准可以由 OIE 成员、特别工作组或者专业委员会起草。标准草案随后分发给所有成员征求意见，并由 OIE 世界代表大会进行第一轮讨论。专业委员会根据收到的评议意见审查草案，并修订草案内容以供下一次世界代表大会通过。该标准一旦正式通过，即可供成员实施。

7.1 《陆生法典》的结构以及被认为可安全贸易的商品

《陆生法典》第 1 卷包含以下"水平"内容：

- 动物疫病的诊断、监测和通报；
- 风险分析；
- 兽医机构质量；
- 疫病预防和控制；
- 贸易措施、进/出口程序和兽医证书；
- 兽医公共卫生；
- 动物福利。

《陆生法典》第 2 卷中，OIE 名录疫病在单独的"垂直"章节进行了介绍，其结构如下（尽管某些章节尚未包含所有名录要素）：

a）对疫病的简要描述。

b）"安全商品"列表，即那些被认为不需要采取任何特定疫病措施的商品，与出口国或地区中该疫病的状况无关。

c）被认为需要采取本章后面所述措施的商品列表，即进口国或地区不应再对该类商品采取其他额外措施。

d）评估由出口国或地区带来的疫病风险时，应考虑的因素列表。

e）某个国家/区域/生物安全隔离区达到特定疫病状况应满足的要求，例如，"无疫国家""免疫无疫区""中等风险"或"无疫群"。

f）考虑到病原体通过商品传播的可能性以及出口国或地区的疫病状况，建议的适用于普通贸易商品的卫生措施条款。

如果一种动物产品被列为安全商品，那么除了《陆生法典》所规定的一般要求外，无须采取其他特殊措施，也无须开展特定风险分析。

如果《陆生法典》中没有针对某种特定商品的建议，则意味着 OIE 专家尚未制订相关卫生措施。在这种情况下，OIE 成员应基于科学的风险分析来确定该商品的进口卫生措施。

7.2　《水生法典》的结构以及被认为可安全贸易的商品

《水生法典》第 1～7 篇包含以下"水平"内容：
- 水生动物疫病的诊断、监测和通报；
- 风险分析；
- 主管部门的质量；
- 疫病预防和控制；
- 贸易措施、进/出口程序和卫生证书；
- 兽医公共卫生；
- 养殖鱼类福利。

在《水生法典》第 8～11 篇中，OIE 名录疫病在单独的"垂直"章节进行了介绍，其结构如下：

a）病原体/疫病的定义。

b）易感动物名录。

c）"安全商品"列表，即那些被认为不需要采取任何特定疫病措施的商品，与出口国或地区中该疫病的状况无关。

d）用于零售贸易的"安全"包装产品名录，即那些用于零售贸易的包装产品，不需要采取特定疫病措施，与出口国或地区中该疫病的状况无关。

e）某个国家/区域/生物安全隔离区达到特定疫病状况应满足的要求，例如，"无疫国家""无疫区""无疫生物安全隔离区"。

f）从宣布无规定疫病的国家、区域或生物安全隔离区进口水生动物产品的建议。

g）从未宣布无规定疫病的国家、区域或生物安全隔离区进口水生动物产品的建议。

如果一种水生动物产品被列为安全商品，那么除了《水生法典》所规定的一般要求外，无须采取其他特殊措施，也无须开展特定风险分析。

如果《水生法典》中没有针对某种特定商品的建议，则意味着 OIE 专家尚未制订相关卫生措施。在这种情况下，OIE 成员应基于科学的风险分析来确定该商品的进口卫生措施。

7.3　有用的文件

现行《法典》可在 OIE 网站（www. oie. int）下载，印刷版每年更新一次。
OIE 网站其他有关文件包括：
- OIE 标准的制定和实施（OIE，nd）；
- OIE 成员的国际贸易权利和义务（OIE，2009a）；
- 《法典》建议在动物产品（"商品"）贸易中的应用（OIE，2009b）。

第 2 章　应用 OIE 风险分析框架

本章将引导读者逐步了解风险分析框架，以可能感染非洲马瘟（AHS）病毒的马匹进口风险分析为例，以阐明进行风险分析所涉及的各个步骤。附录 2 提供了引入活鲤的进口风险评估的另一个示例。该示例使用了一种水生动物，尽管方法更简单，但具有同样价值。

1　OIE 风险分析框架

《陆生法典》和《水生法典》都有专门章节为进口风险分析提供建议和指南。其他章节也是开展进口风险分析的重要参考资料，例如，兽医机构或主管部门的质量、区域区划和生物安全隔离区划、监测，以及那些涉及某些特定疫病的章节。

根据《法典》，进口风险分析的主要目的是为进口国或地区提供一种客观可靠的方法来评估与动物、动物产品、动物遗传物质、饲料、生物制品和病理材料等进口有关的疫病风险。分析应该是透明的，以便向出口国或地区提供施加进口条件或拒绝进口的明确理由。

《法典》确定了风险分析的 4 个组成部分：危害识别、风险评估、风险管理和风险交流（图 4），并提供了术语和相关定义的列表。本章对风险分析的每个组成部分都提供了详细的解释、指南和建议，并提供了一个有效示例来说明 OIE 框架如何应用于实践。

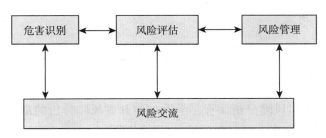

图 4　风险分析的 4 个组成部分

2　资源问题和团队方法

在继续对风险分析过程进行详细说明之前，一些与资源相关的问题值得思考。

2.1　所需的技能类型

开展风险分析所需的基本技能至少包括：流行病学、批判性思维能力、对本国立法情况和《SPS 协定》有充分的理解以及良好的沟通技能。

根据所考虑商品和风险分析范围可能还需要其他技能，包括病理学家、病毒学家、微生物学家、寄生虫学家和经济学家的技能。某些情况下，可能还需要向气象学家、昆虫学家、鸟类学家、环境学家和行业技术专家等征求意见。此外，当决定开展定量风险评估时，可能还需要数学建模专家和统计学家参与。

2.2　项目团队方法

考虑到风险分析所需技能的范围和类型，即使在最发达的国家，也不太可能将所有这些专业知识整合到一个单一的风险分析部门。根据其复杂性，风险分析可能需要由具有必要技能的人员组成的项目团队执行。团队成员不需要位于同一地点。

2.3　国家之间的合作

在许多国家，由于资源有限以及不能迅速获得合适的技能，项目团队的方法可能是不可行的。在这种情况下，确定国家之间是否存在合作的机会非常重要，例如，在几个国家有共同关注的问题并面临相同或相似风险的情况下。

2.4　修订在其他国家开展的风险分析

值得考虑的另一种选择是修订在其他国家开展的风险分析，只要这些风险分析已经经过充分的同行评审，并与所考虑的进口情况相关。

2.5　设定时间表

意识到好的风险分析需要足够的时间是很重要的。

2.6　接受培训

合适正规的进口风险分析课程是学习如何开展风险分析的最佳方法。这些课程可以通过 OIE 协作中心（www. oie. int/eng/OIE/organisation/en _ listeCC. htm）、OIE 区域代表处（www. oie. int/eng/Divers/en _ weboie. htm? e1d13），以及在高等教育机构或从该领域的专家处获得。

进口风险分析是流行病学的专门应用。因此在没有合适的正规风险分析课程时，可为进口风险分析工作人员提供的最佳培训是流行病学课程。实际上，已经有人说"风险分析对于流行病学就像天气预报对于气象学一样"。

3　开展风险分析的步骤

摘要

在开展进口风险分析时，有许多重要步骤需要系统地进行。图 5 概述了这些步骤，附录 1 提供了详细的模板。本节中将详细讨论的步骤包括：

(1) 确定风险分析范围。

(2) 明确风险分析目的。

(3) 制定风险交流策略。

(4) 确定风险分析的信息来源。

(5) 确定可能与考虑商品有关的危害。

(6) 确定《法典》是否建议对考虑商品的危害采取卫生措施。

(7) 对每种危害开展风险评估：

ⅰ）确定目标群体。

ⅱ）绘制情景树，识别导致商品在进口时带有危害的各种生物（风险）途径；暴露于危害中的易感动物和/或人；潜在的"暴发"场景。

ⅲ）处理不确定性。

ⅳ）选择定性或定量方法。

ⅴ）使用适当的术语。

ⅵ）开展传入评估，估计通过商品将危害传入该国的可能性。

ⅶ）开展暴露评估，估计易感动物或人暴露于危害的可能性。

ⅷ）开展后果评估，估计与危害的传入、定殖或扩散有关的可能生物、环境和经济后果的严重程度以及其发生的可能性。

ⅸ）汇总传入、暴露和后果评估结论，提供总体风险评估结果。

(8) 确定是否需要采取卫生措施（风险管理）：

ⅰ）评价风险，以确定风险估计是否大于该国家可接受的风险水平。

ⅱ）评价动物卫生措施，以有效管理每种危害带来的风险，并确保所选方案与该国根据《SPS 协定》承担的义务相一致。

ⅲ）对总体风险分析进行科学的同行评审。

ⅳ）对所选措施做出最终决定后，实施卫生措施。

ⅴ）监测和审查可能影响风险分析结论和/或卫生措施实施的因素。

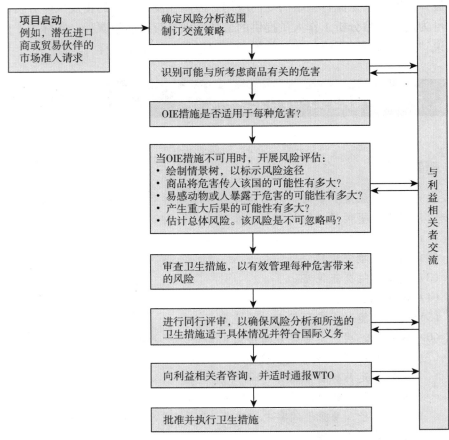

图5 风险分析流程

3.1 确定风险分析范围

摘要

确定风险分析的范围要求尽可能准确地定义作为风险分析对象的动物或动物产品。这包括：

- 动物或动物产品的性质、来源（包括国家）和预期用途；
- 动物物种的科学名称；
- 通常采用的相关生产、制造、加工或测试方法，包括质量保证计划（如HACCP）；
- 如果可能，估计可能的年度贸易量；
- 为风险分析起草合适的标题（基于上述内容）。

每种风险分析都应适合于所考虑的商品。与分析来自多个国家的活动物相比，分析来自单一国家的深加工商品的贸易带来的风险可能更简单、规模更小。重要的是，在风险分析开始时，要对涵盖哪些商品有明确的定义。

在确定风险分析范围时，有很多备选方案可供选择。这些备选方案各有优缺点。市场准入要求、审查现有卫生措施、确保一致性以及资源限制等都会影响选择。风险分析可以基于特定商品、一类商品（如活病毒疫苗或动物血清）、一个动物物种或类似物种群体（如反刍动物）或特定疫病。分析可适用于特定出口国或地区（双边的）或贸易集团（如欧盟，多边的），或者在某些情况下不适用于任何特定国家，此时则称为基于商品的（通用的）风险分析。无论选择哪个备选方案，定义分析范围以及记录选择的理由都很重要。

例如，针对禽蛋进口的风险分析需要阐明：

- 种类（是仅包括鸡蛋，还是也包括其他家禽的蛋？）
- 禽蛋的类型（是孵化用蛋、食用蛋，还是加工蛋制品？）
- 风险分析是具体针对来自一个国家或几个国家的禽蛋，还是将禽蛋作为一种商品，而不考虑其原产国（通用风险分析）。

涉及动物种类或病原体时，应使用适当的科学名称。如果相关，则应详细说明商品的性质、来源、预期用途和可能的年度贸易量，还应描述通常采用的相关生产、制造或加工方法，例如，烹饪、固化、辐射、过滤以及无菌或无污染测试。此外，也应包括质量保证计划，如危害分析与关键控制点（HACCP）以及如何验证。尽管希望能准确估计预期贸易量，但这可能并不容易，特别是在新贸易的情况下。重要的是要意识到，商品定义或描述本身并不构成卫生措施，而仅仅是风险分析的起点。专栏 1 提供了确定风险分析范围。

对风险分析来说，合适的标题示例包括：

a）双边风险分析

进口风险分析：从澳大利亚进口新鲜或冷冻绵羊精液。

b）多边风险分析

进口风险分析：从欧盟进口活牛（欧洲普通牛、瘤牛或源自这些品种的杂交动物）。

进口风险分析：从乌干达、肯尼亚或坦桑尼亚进口供人类食用的去皮、去骨的冷冻尼罗河鲈鱼片。

专栏 1　确定风险分析范围

- 涉及动物种类或疫病病原体时，使用科学名称，例如，绵羊（*Ovis aries*），牛（*Bos taurus*），尼罗河鲈（*Lates niloticus*），新城疫（副黏病毒科、副黏病毒属、禽副黏病毒 1 型），牛结核病（牛型结核分枝杆菌）；

> • 如果相关，描述商品的性质、来源和预期用途，例如，来源于美国、供人食用的冷冻鸡肉（*Gallus gallus*）和鸡肉产品，注射用活病毒疫苗；
>
> • 描述通常采用的相关生产、制造或加工方法，例如，烹饪、固化、辐照、过滤、无菌和无污染测试；
>
> • 描述可能应用的任何质量保证计划，以及如何对其进行验证，例如，在生产疫苗或其他生物制剂时；肉类包装厂的 HACCP 计划。

c)【商品】通用风险分析

进口风险分析：供人类食用的鸡肉（*Gallus gallus*）及鸡肉产品。

进口风险分析：活反刍动物中的口蹄疫（小核糖核酸病毒科口蹄疫病毒属，A、Asia 1、C、O、SAT 1、SAT 2、SAT 3 型口蹄疫病毒）。

进口风险分析：注射用活病毒疫苗。

进口风险分析：动物用血清。

一些商品（如活动物）可能携带影响植物卫生的病原体。例如，夹杂在羊毛中或粪便中的杂草种子、被动物腿或脚上的真菌孢子污染的土壤。需要考虑此类商品引入病原体的潜在可能性，但这超出了动物卫生进口风险分析范围。政府机构里的其他部门通常具有适当专业知识，并对与植物卫生有关的生物安全问题负责。因此，如果所考虑的商品有可能携带植物病原体或害虫，则相关责任人可能需要开展适当的植物卫生风险分析，然后才能将该商品的风险分析视为完整。

同样，可能需要对进口物种入侵（具体定义见《生物多样性公约》）的可能性进行专门评估。该评估通常由负责环境保护的政府机构负责，可从《生物多样性公约》秘书处（CBD，2008）获得关于外来入侵物种风险分析的初步指南。

3.2　明确阐明风险分析的目的

> **摘要**
>
> 应以合适的形式阐述风险分析的目的，例如，
>
> • 识别和评估【危害】进入【进口国或地区】并定殖或传播的可能性，以及由于进口【动物或动物产品】对动物或人类健康造成潜在后果的可能性和严重程度。
>
> • 推荐适当的卫生措施。

确定风险分析范围后，重要的是明确阐明其目的，以确保风险分析人员、受影响和有利害关系的相关方（利益相关者）清楚了解总体目标（包括估计风险性质）。这是至关重要的一步，并且不可避免地要与要求开展分析的人进行互动讨论。他们通常只对随之而来的问题有个大致了解，如果目的从一开始就含糊不清

或定义不明，就会不可避免地出现问题。例如，因对特定危害扩散或定殖产生的后果缺乏估计而使分析未能充分解决风险连续性问题，则可能出现不满意情况。

专栏 2 提供了新西兰农林部马匹进口风险分析的适当标题和目的阐述的例子。该示例适用于当时所考虑的特定贸易，可能并不普遍适用。

专栏 2　进口风险分析适当标题和目的阐述的例子

　　标题：进口风险分析：家养马（*Equus caballus*）中的非洲马瘟病毒

　　目的：识别和评估非洲马瘟病毒（呼肠孤病毒科，环状病毒属，非洲马瘟病毒 1～10 型）传入新西兰并传播或定殖的可能性，以及由于进口马匹（*Equus caballus*）对动物或人类健康造成潜在后果的可能性和严重程度。

3.3　制定风险交流策略

摘要

　　风险交流是在风险分析期间从潜在受影响的和有利害关系的各方（利益相关者）收集关于危害和风险的信息和意见，并将风险评估结果和建议的风险管理措施传达给进/出口国或地区的决策者和利益相关者的过程。它是一个多维、反复的过程，理想情况下应始于风险分析过程启动之时，并贯穿于风险分析全过程。风险交流策略应：

- 确认利益相关者；
- 确定何时需要与他们交流；
- 确定适当的交流方式。

风险交流是在风险分析期间从潜在受影响的和有利害关系的相关方（利益相关者）收集关于危害和风险的信息和意见，并将风险评估结果和建议的风险管理措施传达给进/出口国或地区的决策者和利益相关者的过程。它是一个多维、反复的过程，理想情况下应始于风险分析过程启动之时，并贯穿于风险分析全过程。

风险分析的结果、建议或决定可能会影响利益相关者的利益或责任。正因如此，许多国家的各利益相关者更多地期望在做出决策之前能有机会进行协商。当前，人们一般都有很高的教育水平，很容易接触到各种各样的大量信息。他们不太依赖科学界或政府来评估风险并代表他们做出决策。因此，从风险分析开始就必须制定风险交流策略以确保利益相关者有机会参与。风险交流策略必须确定潜在的利益相关者，并力求包容广泛。咨询的利益相关者可以仅是国内的，也可以包括拟从其进口的国家主管部门。

该策略也应该明确与利益相关者的各种交流渠道，比如通过官方出版物、网页、直接邮寄和在报纸上发布公告等。利益相关者（包括消费者）的群体广度以及协商机制可因国家和情况而异。

风险交流应该是一个互动反复的过程，且涉及双向对话。从开始就应邀请利益相关者提供意见。应该考虑利益相关者关注的问题，并及时反馈。为确保建立有意义的对话机制，所有相关方都应承认他们有义务提供充分合理的论据，并且有权利提出相反观点。

一旦做出决策，可能并不是所有利益相关者都赞成。但是，如果他们从一开始就参与其中，决策时考虑了他们的意见并进行了适当处理，他们可能会对为什么作出这种结论有更充分的理解。本手册第 3 章对风险交流有关内容进行了更深入的讨论。

3.4　风险分析的信息来源

摘要

可以从很多来源中找到有助于识别危害、评估风险和探索风险管理方案的信息，包括 OIE 网站和其他有关家畜、水生动物、野生动物和动物园动物疫病的网站以及科学期刊、教科书和其他国家开展的进口风险分析。也可以从流行病学家、生态学家、农业经济学家和产品专家等各种专家那里寻求帮助和建议。历史贸易数据通常可以为特定商品进口是否可能带来传入特定疫病的风险提供有价值的信息。在缺乏信息的情况下，可能需要采用专家意见的主观方法。

可以从很多来源中找到有助于识别危害、评估风险和探索风险管理措施的信息，包括 OIE 网站和其他有关家畜、水生动物、野生动物和动物园动物疫病的网站。具体示例如下：

- OIE 网站：
  - 国家疫病状况的官方信息
  - 动物疫病数据
  - 《陆生动物卫生法典》
  - 《陆生动物诊断试验与疫苗手册》
  - 《水生动物卫生法典》
  - 《水生动物诊断试验手册》
  - 出版物和文件，包括 OIE《科学技术评论》、OIE《世界动物卫生状况》及 OIE《公报》
  - 世界动物卫生信息数据库（WAHID）
- ProMed 邮件；
- FAO EMPRESS（www. fao. org/ag/AGAinfo/programmes/en/empres/

home. asp）；
　　• 联合国粮食及农业组织/世界动物卫生组织/世界卫生组织（FAO/OIE/WHO）全球重大动物疫病联合预警系统（包括人畜共患病）（GLEWS）（www. glews. net/）；
　　• 出口国或地区主管部门：
　　　　– 国家疫病报告和兽医期刊
　　　　– 兽医体系评估，包括监控和监测计划、区域区划和生物安全隔离区划
　　• 开展的进口风险分析：
　　　　– 在其他国家/地区开展的进口风险分析。只要您可以确信这些风险分析已经进行了充分的同行评审，并注意确定其分析情况与新情况是相关的
　　　　– 由进口商签约的私人顾问开展的进口风险分析。此类外部风险分析必须采用严格的分析、文档编制和科学评审的相同标准。由于主管部门可能必须在国内或国际舞台上捍卫分析的建议，因此主管部门必须建立自己的评审机制以确保此类分析的质量，这一点至关重要。

　　此外，也可以向各种专家寻求帮助和建议，包括流行病学家、兽医病理学家、病毒学家、微生物学家、寄生虫学家、实验室诊断专家、野生动物专家、生物学家、生态学家、昆虫学家、鸟类学家、气候学家、畜牧专家、农业经济学家、现场兽医以及产品专家。如果决定开展定量风险分析，则可能需要来自数学建模专家和/或统计学家的建议。

　　历史贸易数据通常可以为特定商品进口是否可能带来传入特定疫病的风险提供有价值的见解。例如，文献中可能有某些报道，有时从特定商品中发现了某种病原体，但这当然并不意味着进口该商品会带来传入疫病的风险，因为可能没有现实的暴露途径。因此，开展进口风险分析有用的第一个步骤可能是，获取有关商品从疫病呈地方性流行国家出口至监测信息证明无该疫病国家的贸易量数据。Flegel（2009）在对出口供人类消费的对虾产品引发的疫病传播风险综述中提供了这种方法的一个例子。如果关注疫病呈地方流行的国家出口大量的特定商品，但是还没有将该病传入进口国或地区的报道，这可以确保此类进口风险较小。

　　审查历史贸易数据可以量化风险。一旦分析人员获得了进口到无疫国家商品数量的数据（无论是千克、吨或其他单位），就可以使用《动物和动物产品进口风险分析手册》第二卷（OIE，2004 年）或其他教科书中（如 Vose，2000）所描述的 Beta 分布。使用《动物和动物产品进口风险分析手册》第二卷附录 1（OIE，2004）中的精确二项分布置信限表，可以提供一种基于贸易数据进行风险量化的更简单方法。

　　在信息缺乏的情况下，采用来自专家意见的主观方法更适合开展释放、暴露和后果评估。但是，为避免产生偏见及处理专家之间的分歧，获取专家意见时必须谨慎。《动物和动物产品进口风险分析手册》第二卷（OIE，2004）和其他教科书（如 Vose，2000）中讨论了获得专家意见的适当方法。

3.5 识别可能与商品有关的危害

摘要

危害识别包括列出与商品来源物种相关的病原体清单，并基于许多标准确定是否可以将其分类为危害，以便在风险评估中进一步考虑。每种病原体考虑的标准包括确定是否：

- 拟进口商品是潜在的病原体媒介；
- 它存在于出口国（或地区）或进口国（或地区）中，或二者均有；
- 病原体引起的疫病有官方控制计划，或有不同动物卫生状况的区域或生物安全隔离区，或本地毒（菌）株的毒力比出口国或地区弱。

如果危害识别步骤未识别到潜在危害，则风险分析可以在此阶段终止。

危害识别是风险分析中必不可少的第一步。为有效管理与进口商品有关的风险，必须识别出能够或者有潜在可能造成伤害、并可能被引入进口国或地区的任何生物。此类病原体在《法典》中称为"危害"，其定义为可能对动物健康或动物产品安全造成不良影响的生物、化学或物理因子，或者动物或动物产品受威胁的状态。由于 WTO 承认 OIE 是管理动物卫生和人畜共患病国际标准的参考机构，因此应使用"危害"一词。OIE 列出了国际贸易中重要的疫病。

根据商品的性质或加工程度，某些类别的病原体可能会被排除在外。例如，在精液或胚胎的风险分析中无需考虑胃肠道寄生虫，因为从生物学上讲精液或胚胎不可能是胃肠道寄生虫的媒介。商品生产、制造或加工方法也可能排除某些种类病原体。深加工的商品，例如，活病毒疫苗或血清来源的激素产品，它们的生产方法即决定其不太可能被某些细菌或病毒污染。将生产方法的详细信息以及可验证的质量控制程序（包括测试）作为商品说明的一部分，则这些致病菌也就无需在风险分析中单独考虑。例如，激素产品可能会经过许多道过滤步骤，从而排除了一定大小的细菌和病毒。如果排除了某类病原体，则应在危害识别过程中描述该类病原体并说明排除的理由。

对于所有其他商品，危害识别始于编制适用于所进口物种或商品来源的病原体清单。这些清单应以 OIE 疫病名录为基础，但在适当情况下也应考虑未包括在 OIE 疫病名录中的病原体。每种病原体应单独处理，对其流行病学进行合理、富有逻辑和可参考的讨论，包括对其在进口国（或地区）和出口国（或地区）中可能存在的情况进行评估。然后得出所考虑商品是否是将病原体引入进口国或地区潜在媒介的结论。如果是，则将病原体分类为危害，以供进一步考虑。如果未识别到危害，则风险分析可以在此阶段终止。

在确定某种病原体是否可以被识别为危害时，必须考虑专栏 3 中概括的许多重要问题和步骤。

在准备危害清单时，可以使用表 1 中的模板（包括几个示例）来提供有用的摘要。应该使用最新的分类法和术语。

表 1 危害清单示例

疫病名称	病 原	是否为外来病	无疫区/生物安全隔离区或官方控制计划	在其他国家有毒力更强的毒株	是否识别为危害
口蹄疫	小 RNA 病毒科口蹄疫病毒属，口蹄疫病毒 A、Asia 1、C、O、SAT1、SAT2、SAT3 型	是	不适用	不适用	是
非洲马瘟	呼肠孤病毒科，环状病毒属，非洲马瘟病毒 1～10 型	是	不适用	不适用	是
牛结核病	牛结核分支杆菌	否	是	否	是
新城疫	副黏病毒科，副黏病毒属，禽副黏病毒 1 型	是	不适用	是	是
牛地方流行性白血病	反转录病毒科，blv-htlv 反转录病毒属，牛白血病病毒	否	否	否	否
牛传染性鼻气管炎	疱疹病毒科，甲型疱疹病毒亚科，水痘病毒属，1 型牛疱疹病毒（BoHV-1）	否	否	是	是
副结核病	副结核分支杆菌	否	否	否	否
吸血蠓病	库蠓属	是	不适用	不适用	是
李氏杆菌病	产单核细胞李氏杆菌	否	否	否	否
沙门氏菌病	肠炎沙门氏菌，肠炎亚种，鼠伤寒血清型 DT 104	否	是	否	是

注：根据标准对每种"危害"进行分类的理由和得出的结论必须有参考文献支持。这是新西兰农林部开展分析的一个真实示例。

专栏 3 确定某病原体是否为"危害"的步骤

步骤 1. 考虑到通常采用的生产、制造或加工方法，拟进口商品是否为病原体的潜在媒介？

a）如果答案为"是"，请继续执行步骤 2。否则，该病原体不是危害。

步骤 2. 出口国或地区是否存在该病原体？

a) 如果答案为"是"，请继续执行步骤3。

b) 如果答案为"否"，那么是否有足够信心相信出口国或地区主管部门有能力令人满意地证实病原体不存在？

－如果"是"，则该病原体不是危害。

－如果"否"，与主管部门联系以寻求更多信息或澄清，然后继续执行步骤4。除非另外证明，否则假定病原体可能在出口国或地区存在。

步骤3. 出口国或地区是否存在商品不含病原体的区域或生物安全隔离区？

a) 如果答案为"是"，那么是否有足够信心相信出口国或地区主管机构有能力令人满意地证实该病原体不存在，并确保商品仅来自这些无疫区域或无疫生物安全隔离区？

－如果"是"，则该病原体不是危害。

－如果"否"，与主管部门联系以寻求更多信息或澄清，然后继续执行步骤4。除非另有证明，否则假定这些区域或生物安全隔离区可能存在病原体，或者商品可能来源于出口国或地区的其他地区。

b) 如果答案为"否"，请继续执行步骤4。

步骤4. 进口国或地区是否存在该病原体？

a) 如果答案为"是"，继续执行步骤5。

b) 如果回答为"否"，则该国主管部门是否能证实病原体不存在？

－如果答案为"是"，则将病原体分类为危害。

－如果回答为"否"，则继续执行步骤4。假设存在病原体，并在合理时间内探索方案，以证实病原体存在或不存在（有足够的置信度）。

步骤5. 对于在出口国（或地区）和进口国（或地区）均报告存在的病原体，如果：

a) 处于进口国或地区官方控制计划中，或

b) 已建立不同动物卫生状况的区域或生物安全隔离区，或

c) 本地毒株的毒力弱于国际上或出口国或地区的毒株，

那么病原体可被分类为危害。

注意：兽医机构评估、动物和/或动物产品的标识和追溯、监测、官方控制计划以及与生物安全有关的饲养管理方式是评估出口国或地区动物群体、区域或生物安全隔离区动物亚群中病原体存在与否可能性的重要参数。

　　在开始进行风险评估之前，风险分析人员通常会就此危害清单与利益相关者进行协商，这是明智的。这有助于确保清单尽可能完整，并且适合特定进口国或地区的实际情况。专栏4中提供了一个危害识别示例。为便于说明，可以将本示例中的进口风险分析假定为家养马（*equus caballus*）的通用分析。该风险分析适用于当时所考虑的特殊贸易，可能并不具有普遍适用性。

3.6　确定《法典》是否针对所考虑商品中的危害提供了卫生措施

摘要

一旦确定了危害，需确定《法典》是否针对所考虑商品中的危害提供了卫生措施？

a）如果答案为"是"，那么该国或地区是否有法律、政策或其他文件要求开展全面的风险分析？

- 如果"是"，则开展风险评估；
- 如果"否"，考虑采用《法典》中规定的卫生措施，因为风险评估并不是履行 WTO 义务所必需的。

b）如果答案为"否"，或者进口国或地区决定采取比《法典》保护水平更高的措施，则开展风险评估。

确定《法典》是否为所考虑商品中已识别的危害提供了卫生措施，这是非常重要的。如果是，则应该采用这些措施，除非国或地区内法律、政策或其他文件要求开展全面的风险分析。

如果《法典》没有规定相关措施或决定采取比《法典》保护水平更高的措施时，则需要开展风险分析，以确定是否需要或采取何种类型措施，或以证明采取能带来更高保护水平的措施是合理的。

尽管《法典》针对非洲马瘟提供了卫生措施，但为了继续进行实例研究，我们假设新西兰法律要求进行全面的风险分析。

专栏 4　新西兰农林部开展的危害识别示例

非洲马瘟

病原体

呼肠孤病毒科，环状病毒属，非洲马瘟病毒 1～10 型。

新西兰的疫病状况

新西兰从未报道过非洲马瘟（AHS），AHS 是新西兰规定的外来动物疫病。

流行病学

非洲马瘟（AHS）是由环状病毒属非洲马瘟病毒引起的、经库蠓传播的马和其他单蹄动物（order Perissodactyla）的一种非接触性传染病（Lagreid，1996）。AHS 已知的血清型有 9 种，所有血清型都可导致马极高的死亡率（Coetzer 和 Erasmus，1994）。AHS 在东非和西非热带地区呈地方性流

行，经常传播到非洲南部，偶尔也扩散到非洲北部（Coetzer 和 Erasmus，1994；OIE，1995/2002）。AHS 呈季节性发生，并且受有利于库蠓繁殖的气候条件的影响（OIE，1997；Mellor 和 Wellby，1998）。多数马在库蠓最活跃的日落与日出之间感染（Coetzer 和 Erasmus，1994）。

AHS 有 4 种典型类型：肺型、心型、混合型和发热型。肺型潜伏期短，3～5 天，患病动物出现明显而渐进的呼吸系统症状，95％以上的病例在 4～5 天内死亡。心型潜伏期从 7 天到 14 天不等，随后出现临床症状并持续 3～8 天，50％～70％的病例死亡。混合型的特征是呼吸系统症状和心脏症状兼有，其潜伏期和死亡率基本介于肺型和心型之间。发热型最温和，自然疫情常被忽略。该型潜伏期为 5～14 天，随后出现持续 5～8 天的低度弛张热，所有感染动物都能康复。该型疫情常见于异源病毒感染的免疫动物、或对该病有抵抗力的动物（如驴和斑马）。马属动物中，马最易感，骡次之，而驴和斑马感染大多不表现临床症状（Lagreid，1996；OIE，1996）。鉴于对马的致死率高，马被认为是偶然宿主或指示宿主（Coetzer 和 Erasmus，1994）。

从发热开始到康复，AHS 病毒存在于患病动物所有体液和组织中。马携带病毒的持续时间不等，通常为 4～8 天，但不超过 21 天；而驴携带病毒的持续时间可长达 28 天（OIE，1995/2002）。AHS 康复马不再携带病毒，存活者对其感染过的特定血清型有很强的免疫力。虽然这可能对其他血清型的感染提供一些交叉保护，但强毒攻击仍可感染（Coetzer 和 Erasmus，1994）。

最常用的两类疫苗分别是：多价或单价活疫苗、单价灭活疫苗（OIE，1996）。虽然两种疫苗均可对临床疫病提供保护，但接种疫苗的动物仍可能携带病毒从而成为病毒载体。由于与活疫苗相关的带毒持续时间与 AHS 自然感染相似，尽管病毒逃避宿主的机会有限，但是一些活疫苗株仍存在毒力返强问题。正在研发的亚单位疫苗能产生最有效的诱导保护性免疫，不会发生毒力返强现象，也不会成为传播病毒载体（Lagreid，1996）。

结论

虽然感染康复的家养马匹不再携带病毒，但是自然感染或接种了活疫苗的马匹可能携带病毒长达 21 天，因而可能成为 AHS 病毒的载体。因此，AHS 病毒被分类为危害。

3.7　开展风险评估

摘要

风险评估用于评估危害传入进口国或地区并定殖或传播的可能性及其生物、

环境和经济后果。所考虑的商品可能是此危害的载体，因此必须按照进口时预期使用、加工或销售的形式进行评估。风险评估包括四个相互关联的步骤：

• 传入评估：确定进口商品被某种危害感染或污染的可能性，并描述将该危害引入特定环境所必需的生物（风险）途径；

• 暴露评估：描述进口国或地区动物和人暴露于所识别危害所必需的生物（风险）途径，并估计发生暴露的概率；

• 后果评估：描述危害暴露、暴露后果以及其可能性之间的关系；

• 风险估计：综合传入评估、暴露评估和后果评估的结果，测算与危害相关的总体风险。

在进行风险评估之前，重要的是确认潜在易感动物，并绘制可能导致其暴露于危害的生物途径以及可能发生的相关"暴发"情景。此外，需要考虑如何处理那些不可避免的不确定因素，是否使用定性或定量方法，以及在估计或描述风险时要使用的最合适的术语。

3.7.1　确定目标群体

摘要

一旦确认了与所考虑商品有关的危害，就需要确定潜在易感物种，这可确保风险评估考虑了所有适当的生物途径。易感物种包括在农场饲养、捕获或野生的陆生和水生动物，以及人类（该危害有人畜共患可能时）。

3.7.2　为每种危害绘制情景树

摘要

在进行风险评估之前，为所考虑的每种危害绘制情景树可能很有帮助，以便于确认导致以下情况的各种生物（风险）途径：

• 进口时含有危害的商品；

• 暴露于危害的易感动物和/或人；

• 可能的暴发情景。

情景树是对可能将危害引入进口国或地区的生物（风险）途径的图形描述，它提供了一个有用的概念框架。情景树有助于以简单、透明和有意义的方式表示所考虑途径的范围和类型。它是描述生物途径的一种合适而有效的方法，为以下内容提供了有用的视觉呈现：

- 确定途径；
- 确定信息需要；
- 确保事件在时间和空间上的逻辑链条；
- 协助交流进口风险分析；
- 阐明对问题的看法和理解；
- 协助确定卫生措施和总体风险管理；
- 协助确定发生的可能性和后续后果；
- 如果需要，为以后建立定量模型提供框架。

情景树开始于初始事件，例如，从可能被感染的畜群中选择一些动物，然后概述导致以下情况的各种生物途径：

- 进口时动物或动物产品含有危害（传入评估）【注："传入评估"以前被称为"释放评估"】；
- 易感动物和/或人暴露于危害（暴露评估）。

按照惯例在方框或节点中描述事件，而事件的概率通过从方框或节点（图6）绘制的直线或箭头描述。图7至图9给出了情景树的3个示例。

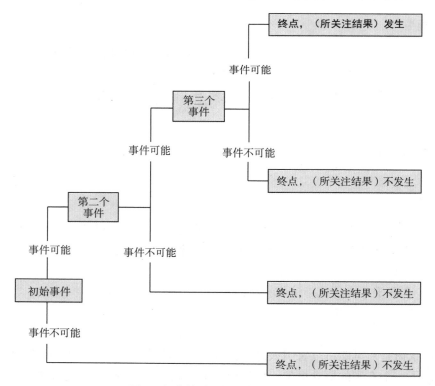

图6　概率检验的情景树通用框架

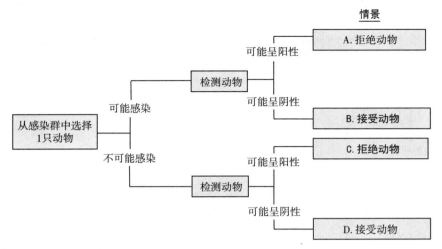

图 7 描绘从感染畜群中选择 1 只动物，在检测后被接受或拒绝的生物途径情景树

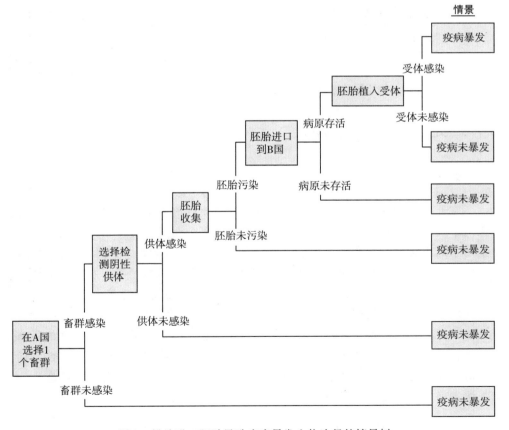

图 8 描绘进口胚胎导致疫病暴发生物途径的情景树

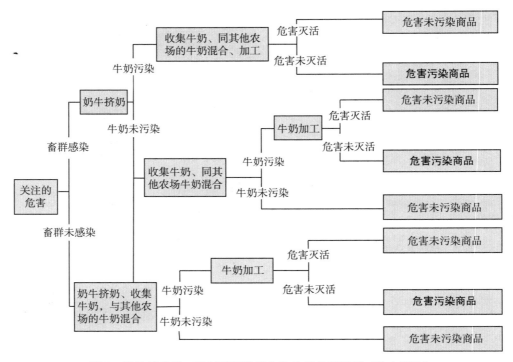

图9   描绘导致进口乳制品污染的生物途径的情景树（传入评估）

3.7.3   处理不确定性和变异性

摘要

在开展动物卫生进口风险分析时区分不确定性和变异性相当重要。不确定性用于反映对特定事物缺乏了解或缺少相关知识或信息。变异性则反映了任何生物系统中自然存在的异质性，与我们是否对该系统有足够了解无关。因此，尽管不确定性随着我们知识的增加而减少，但变异性保持不变。在大多数情况下，风险途径中不同节点存在的不确定性的变化程度可能比变异性更令人关注。那么，我们如何确定这些不确定性对最终风险估计的影响呢？幸运的是，风险分析为我们提供了一种工具，使我们能够在上下文中考虑不可避免的不确定性。例如，我们可能会发现尽管风险途径中某节点存在很大的不确定性，但其对最终风险估计的总体影响却微不足道。在这种情况下，重要的是不应过分强调不确定性，而要提供适当的观点。

不同学科的风险分析人员对"不确定性"一词的不同使用导致了一定程度的混乱。在本手册中，不确定性的定义是指构建评估情景时，由于测量误差或缺乏所需步骤以及从危害到风险的途径的知识，而导致缺乏输入值的精确知识（术语表）。

风险分析本质上是一种旨在预测未来的工具。例如，我们可能想要预测随机选择的 1 头断奶仔猪的体重。我们从自己的观察知道，该年龄段的猪个体之间存在很大的自然差异，这种变异性是生物学现实。虽然我们可能对体重范围和平均值有很好的"感觉"，但只有称了几头猪体重后，我们才能开始做出一些准确的预测。随着收集的数据越多，获得的知识越多，我们可以越来越确定地描述断奶仔猪的体重变化，使我们对自己的预测越来越有信心。如果对猪群中的所有猪都进行称重，那么我们就会对平均体重和变异程度有准确的了解，也就不会有不确定性。显然，这是不切实际的，因此我们需要在获取准确知识和在基于以合理置信水平预测获得的合理估计之间取得平衡。不确定性可以看作，我们对某一特定事物的知识或信息不完整程度的度量。重要的是要记住，即便有了完整的知识（即没有不确定性），变异性仍然存在。

上述想法可以扩展到进口风险分析，例如我们可能想要预测"从 B 国或地区进口山羊奶酪后，A 国或地区暴发口蹄疫（FMD）的可能性"。对于疫病暴发，需要发生一系列复杂事件，首先是：

- B 国或地区暴发了 FMD，导致至少有一只感染山羊将 FMD 病毒排入奶液；
- 经过巴氏消毒、奶酪生产、储存和运输至 A 国或地区后，病毒仍然存活；
- A 国或地区易感动物摄入丢弃的奶酪，被感染并把病毒传播给其他动物。

我们对巴氏消毒奶中 FMD 病毒的存活情况非常了解，对 B 国或地区发生 FMD 的信息掌握有限，而关于 A 国或地区易感动物摄入奶酪渣可能性的信息则几乎没有。在这种情况下，预测所依据的信息有些方面很少，有些方面则很多。因此我们可得出结论，在估计 B 国或地区发生 FMD 和 A 国或地区易感动物暴露方面有很大的不确定性。这些不确定性对于总体风险估计的影响需要仔细考虑。例如，如果认为巴氏消毒法能有效杀灭 FMD 病毒，那么影响可能微不足道。反之，如果由于 FMD 病毒耐热或巴氏消毒效果存在很大变异性而导致巴氏消毒法并不可靠，那么这些不确定性的影响就变得非常重要。

如果估计的风险存在很大的不确定性，那么就可以采取预警方法来管理风险。但是选择措施必须以风险分析为基础，并且考虑现有的科学信息。这种情况下，一旦获得了额外信息，应立即评议所采取的措施[①]，并且与存在相应不确定性的其他措施保持一致。简单断定由于存在很大的不确定性便会采取预警方法，这是不能接受的。选择措施的理由必须显而易见。

---

① 《SPS 协议》第 5.7 条规定："成员可以临时采取卫生……措施"，以及"各成员应寻求获得……额外信息，并在合理期限内……"。关于"寻求额外信息"，因为"Members"用了复数，这提示进、出口国或地区之间存在合作安排。也就是说，寻找额外信息的责任不仅仅在于进口国或地区。

在释放和暴露评估中所考虑的生物途径必须是合理的。由于科学无法证明某特定途径不存在，因此总是存在一定程度的不确定性。有些情况下，途径可能是假设的，而不是合理的，所以风险评估中考虑这些途径是不合适的。

3.7.4　选择定性或定量方法

3.7.4.1　定量方法是定性方法的补充

摘要

定性评估是对相关商品以及与危害有关的流行病学和经济因素的理性和符合逻辑的讨论，是用非数字化的术语如"高、中、低"或"可忽略"来表述对可能性的估计。它适用于大多数风险评估，实际上是常规决策最常用的类型。在某些情况下，采用定量方法作为定性评估的辅助手段可能很有用，以获得更深入的了解、确定关键步骤、更详细地评估不确定性的影响或比较不同的风险缓解策略。量化是一种专用工具，其中建立了数学模型，把风险途径的各个步骤联系起来。尽管输入和输出（结果）都用数字表示，但它不一定比定性方法更客观或更精确。此外，在描述模型本身以及解释和交流结果方面存在巨大挑战。无论选择哪种方法，都必须透明地记录分析结果并接受同行评审，这一点至关重要。

事实证明，没有一种单一的进口风险分析方法适用于所有情况，不同的方法可能适用于不同的情况。定性评估本质上是对与危害有关的相关商品以及流行病学和经济因素的理性和逻辑讨论，其中使用非数字术语如"高、中、低"或"可忽略"来表示危害释放和暴露的可能性及其后果的严重程度。然而，风险评估人员和风险管理人员对于所用的这些或其他非数字化术语的用途和意义，都有必要达成共识。

情景树可以用于描述相关因素，帮助理解逻辑关系。定性方法适用于大多数进口风险分析，是支持常规进口决策最常用的评估类型。

在某些情况下，可能需要进行定量分析：例如，要进一步了解某一特定问题、确定关键步骤或比较卫生措施。定量评估涉及建立数学模型以把风险途径的各个步骤联系起来，并用数字进行表示。评估结果也用数字进行表示，这使得解释和交流存在巨大挑战。

虽然定量分析涉及数字，但它不一定比定性分析更客观，评估结果也不一定比定性分析更精确。选择合适的模型结构、纳入或排除某途径、聚合或分散的程度、每个录入变量的真实值以及适用于这些变量的分布类型等都涉及到了主观性。另外，由于数据缺失，有些模型整合了一些专家观点，就其本质而言这些观点也是主观的（请参阅《动物和动物产品进口风险分析手册》第二卷第 6 章中关于专家意见的引用和使用部分，OIE，2004）。

　　既然定量和定性分析都不可避免地带有主观性，那么如何证明分析的客观程度呢？解决方案不在于选择的方法，而在于确保分析是透明的。所有的信息、数据、假设、不确定性、方法和结果必须全面记录，并且讨论和结论必须经过理性和逻辑的讨论来支持。分析应充分参考资料，并进行同行评审。

3.7.4.2　半定量方法

摘要

　　因为比严格的定性方法更客观，有人提出了所谓的半定量方法。半定量方法涉及以概率范围、权重或分数的形式为定性估计赋值，并通过加、乘或其他数学运算将其组合在一起，力求客观性达到更高水平。尽管从表面上看半定量方法很有吸引力，但是仍然存在重大问题，因为赋值的数字和组合方法经常是任意的，没有足够的透明度。因此经常出现不一致的结果，得出的结论可能在统计学和逻辑学上都是不正确的。与研究透彻的、透明的、经过同行评审的定性方法相比，半定量方法没有任何优势。

　　如前所述，所有的风险评估都不可避免地带有一定程度的主观性。不过，因为许多人发现使用数字准确、可靠，所以一些分析人员错误地认为使用所谓的半定量方法比严格的定性分析更具有客观性；对定量分析也是如此认为。然而，在进口风险分析中采用半定量方法可能引起许多严重问题。有时它作为一种手段，把各种定性风险评估通过赋值、累加以及产生优先级等方法结合起来。这些数字可能以概率范围或分数的形式表示，可以在通过加、乘或类似数学运算进行组合之前对其进行加权。数字、范围、权重及组合方式的选择通常很随意，需要谨慎论证以确保透明度。

　　应该认识到，分配给各类别的数字不能在数学和统计上进行合理运算。例如，在某些风险分析中使用的一种半定量方法将概率范围 $0 \sim 1$ 划分为多个任意区间（如 $0 \sim 10^{-6}$，$10^{-6} \sim 0.001$，$0.001 \sim 0.05$ 等），并且给予每个区间一个定性描述，例如，"可忽略""极低"和"非常低"等。风险评估人员使用定性词语描述风险评估每个步骤的概率；然后通过将属于每个定性描述的任意概率区间相乘，可计算出风险途径所有步骤发生的概率；最后，该乘积再转换为定性描述。尽管从表面上看结果是客观的，但这种半定量评估方法是有缺陷的，并使得出的结论在统计学和逻辑学上都不正确（Morris 和 Cogger，2006）。

　　总之，半定量评估给人以客观、精确的假象，并导致结果不一致。其实把数字用于主观性估计不会产生更客观的结果，特别是当数字选择和组合方法很随意的时候。与研究透彻的、透明的、经过同行评审的定性评估相比，半定量方法没有任何优势。

3.7.5 使用适当的术语来描述可能性

摘要

由于进口风险分析本质上是估计危害传入、扩散或定殖的可能性以及由此产生的不利后果，因此使用适当的术语来描述可能性很重要。例如，仅得出存在某事"有机会""有可能"或"有潜力"发生的结论是不够的。这样的术语不能使人们正确看待风险。相反，得出某事发生的机会、可能性或概率是"可忽略"或"极有可能"的结论，这既提供了有意义的估计，又提供了必要的背景。

应使用《法典》中列出的术语，并避免引入新术语或其他学科的术语。

在使用各种术语来估计或描述风险时必须格外谨慎。根据《SPS 协定》而召集的 WTO 专家组和上诉受理机构都强调了正确使用术语的重要性，比如可能性和潜在性。多数动物或动物产品进口风险评估涉及评估疫病的传入、定殖和扩散的可能性，以及与之相关的潜在生物和经济后果。仅仅总结出存在疫病传入、定殖和扩散的可能性是不够的，而是必须以定性或定量的方式估计这种可能性。同样，由于"潜在性"的普通含义与"概率"有关系，必须评估可能后果的概率。因此，在描述可能性时使用适当的术语很重要。表 2 给出了可接受和应避免使用的术语示例。这些定义摘自《简明牛津字典》（2002），其他字典可能会给出略微不同的定义。应该注意的是，常用字典里的术语定义（如表 2 中的"可能的"和"可能性"）可能不够精确，不能用于风险分析。

一些风险分析人员将可能性按"可忽略"和"不可忽略"进行分类。尽管"可忽略"是一个有用的术语，但应避免使用"不可忽略"。"不可忽略"包含了从"极低"到"几乎确定"的所有可能性，因此，它对于面临选择卫生措施以确保风险低于某国家可接受水平的风险管理者没有任何帮助。

表 2 描述可能性的术语

术语	《简明牛津字典》中的定义
当表述可能性时	
避免使用的术语	
Chance	当用在单数语境中时，表示一种可能性
Could	can 的过去式，当 can 表示有可能时
Might	基于未满足的条件表达可能性
Potential	当用作名词时，表示可能性
Possibility	指可能存在或发生的事情

（续）

术语	《简明牛津字典》中的定义
Possible	指很可能发生；可能的事
可以使用的术语	
Chances	复数形式时，表示可能性
Likehood	可能性；可能的状态或事情
Likely	可能；这样的事情可能会发生或者是真的；合理预期的
Probability	发生某事的可能性；在数学上它被定义为某事件可能发生的程度，一般用有利情况与可能发生情况总数的比率来衡量
Probable	可能会发生或证明是真实的；可能的
Would	表达可能性（如我想她现在已经超过 50 岁了）；will 的过去式：表达愿望、能力、可能性或者期望
用作形容词来描述可能性估计的术语	
Average	通常的（数量、程度、比率）
Extremely	最外面的、离中心最远的；位于两边末端的；最大的、极度的；最高或最极端的（程度）
High	高于正常或平均水平的
Highly	很高程度的
Insignificant	不重要的，微不足道的
Low	低于平均水平的，低于正常水平的
Negligible	不值得考虑的，微不足道的
Significant	值得注意的，重要的，有重要意义的
Remote	轻微的，微弱的

　　人们可能会有一些担忧，因为在估计和描述事件的可能性及其后果时不可避免具有主观性，因此在分析中得出的结论可能是有缺陷的。缓解此类担忧的最佳解决方案则是确保风险分析透明，能够支持所作的估计及得出的结论，且风险分析合理又符合逻辑，并经过了同行评审。

3.7.6　传入评估[①]

摘要

传入评估估计了进口商品被危害感染或污染的可能性，描述了危害被引入

---

　　① "传入评估"以前称为"释放评估"，是环境风险评估中所用的术语，主要针对向环境中排放的污染物。本手册第 2 版作者认为，"传入评估"更适合用于进口风险分析。

该国所必需的生物（风险）途径。对于每个步骤，传入评估都列出了需考虑的相关生物、国家或商品因素。如果在进口时商品被感染或污染的可能性可忽略不计，则风险评估就此终止。

每种危害都应单独处理，并对其流行病学进行合理的、逻辑的以及有参考性的讨论：

• 描述商品被感染或污染所必需的生物（风险）途径；注意：情景树可提供有助于识别和描述这些途径的概念框架。图 10 给出了一个非洲马瘟的例子。

• 估计商品在进口时被感染或污染的可能性。

进口时，如果商品被感染或污染的可能性微乎其微，则风险评估就此终止。

传入评估中有许多必须考虑的重要因素，包括但不限于以下内容。

生物学因素

• 与商品相关的动物对危害的易感程度：
  - 种类和品种
  - 年龄
  - 性别
• 危害的传播方式：
  - 水平传播
  - 直接传播（动物间接触、空气传播、食物摄取、交配）
  - 间接传播（机械和生物媒介、间接宿主、医源性传播、污染物）
  - 垂直传播
• 危害的传染性、毒力和稳定性；
• 感染途径（口腔、呼吸道以及皮肤等）；
• 病原易感部位（如肌肉、骨骼、神经组织、淋巴结等）；
• 感染后果（无菌免疫、潜伏期或恢复期病原携带者、潜伏感染）；
• 疫苗接种、检测、治疗和隔离检疫的影响。

国家因素

• 出口国或地区兽医机构评估，疫病监测、根除和控制计划，区划体系；
• 发病率和（或）流行率；
• 无疫区和疫病低流行区的存在情况；
• 动物统计情况；
• 种植业和畜牧业生产方式；
• 降水和温度等地理和环境特征。

商品因素

- 易污染程度；
- 相关的加工和生产方式；
- 加工、贮存和运输的影响；
- 进口商品数量。

图 10 为进口潜在感染非洲马瘟病毒马匹的进口评估情景树。专栏 5 描述了传入评估。

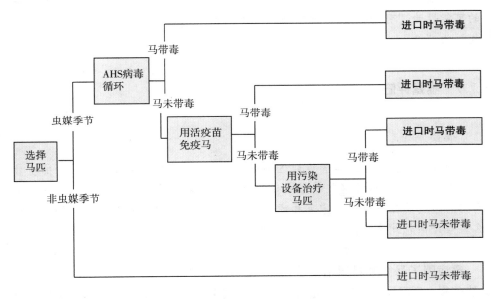

图 10　传入评估情景树：阐明通过进口马匹感染非洲马瘟的生物途径

注：本例中假设非虫媒季节未对马匹进行疫苗免疫。

专栏 5　新西兰进口可能感染非洲马瘟病毒马匹的传入评估示例

传入评估

由于非洲马瘟在非洲流行地区呈季节性发生（Coetzer 和 Erasmus，1994；Mellor 和 Welby，1998；OIE，1997），因此夏季和秋季进口的马匹潜在感染 AHS 病毒或携带病毒的可能性较高。例如，南非北部省份每年夏季都暴发 AHS，病例最早发生于 2 月份，随后的几个月里疫情向南部扩散，然后在 4 月底或 5 月初第一次霜冻后突然停止（Coetzer 和 Erasmus，1994）。在一年中，南非有数月处于较干或较冷的时节，在此期间病毒媒介不活跃，马匹不大可能染病。如果能明确这些时间段，并考虑了流行季节马匹感染后携带病毒的最长持续时间，那么就会有一段窗口期，此时进口马匹潜在感染 AHS 或携带病毒的风险可以忽略。

家养马多数是空运到新西兰的。运输时间较短，可能不足 24 小时。这种情况下，携带病毒的马匹，特别是已经接种疫苗或感染发热型非洲马瘟（特征为有低度弛张热）或处于 AHS 亚临床感染阶段的马匹，则可能被进口到新西兰。

结论

如果新西兰在冬季和春季从非洲疫区进口马匹，那么其携带 AHS 病毒的可能性为"可忽略"。在一年中的其他时间，马匹潜在携带 AHS 病毒的可能性为"低"。

3.7.7　暴露评估

摘要

暴露评估描述了进口国或地区易感动物和/或人暴露于危害所必需的生物（风险）途径，并估计这些暴露发生的可能性。对于每个步骤，暴露评估都应列出所考虑的相关生物、国家和商品因素。如果暴露的可能性可忽略不计，那么风险评估就此终止。

致病因子暴露和易感宿主是否感染是两个不同的步骤。暴露是感染发生的必然前提。然而，暴露不一定导致感染，这取决于病原体数量和宿主的易感程度。这些关系一般称为剂量反应关系（量效关系）。严格来说，感染就是暴露的结果。

在进口风险分析中，最初的感染通常与暴露相结合，并作为暴露评估的一部分进行评估。然而，应该意识到，特别是对于污染的商品，剂量反应效应在成功感染的概率中可能发挥关键作用。在这种情况下，有必要分成两个阶段，暴露和感染，并且分别估计概率。

应该对每种危害进行单独处理，并对其流行病学进行合理的、逻辑的，以及有参考性的讨论：

• 描述进口国或地区动物和人暴露于危害所必需的生物途径。注：情景树可提供有助于识别和描述这些途径的概念框架。图 10 给出了一个非洲马瘟的例子。

• 估计这些暴露发生的可能性。

• 估计危害可能的散播以及暴露群体。

如果暴露的可能性可忽略，则风险评估就此终止。

暴露评估中，有许多必须考虑的重要因素，包括但不限于以下内容。

生物学因素

- 暴露于危害的方式：
  - 水平暴露（动物直接接触、空气传播、食物摄取、交配，或者间接接触，如通过机械和生物媒介、中间宿主、医源性暴露、污染物）
  - 围产期垂直传播
- 危害的稳定性、传染性和毒力；
- 暴露途径（口腔、呼吸道、皮肤）；
- 可能暴露于危害的动物的易感性（品种、年龄、性别）。

国家因素

- 中间宿主或媒介存在状况；
- 人口数和动物存栏数的统计；
- 种植业和养殖业生产方式；
- 文化与风俗习惯；
- 降水和温度等地理和环境特征。

商品因素

- 进口动物或动物产品的用途；
- 废物处理程序；
- 进口商品数量。

图 11 为进口潜在感染非洲马瘟病毒马匹暴露评估的部分情景树。对于其他生物途径还需要建立类似情景树。表 3 总结了所有的风险途径，专栏 6 描述了暴露评估。

表 3　假定新西兰进口了感染马匹，非洲马瘟病毒暴露评估总结表

暴露途径	可能性	解释
昆虫媒介	可忽略*	在新西兰不存在传播该病的昆虫
医源性暴露	非常低	如公用针头等，不经常发生
马肉喂犬	非常低	用马肉喂犬的行为不常有
精液	可忽略*	进口后，数周之内不会使用种马

＊此种情况的可能性可以忽略，风险分析时不必再做进一步考虑。

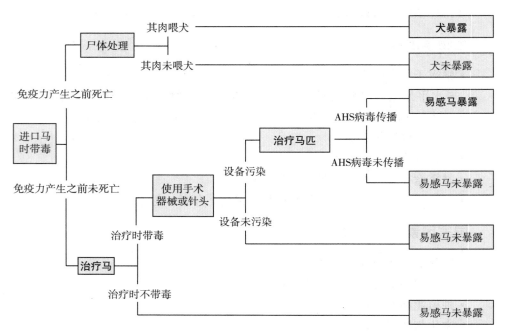

图 11　暴露评估情景树：阐明新西兰境内易感动物感染非洲马瘟的生物途径

专栏6　新西兰进口可能感染非洲马瘟病毒马匹的暴露评估示例

媒介

AHS 病毒可能在库蠓（*Culicoides* midges，主要是残肢库蠓 *C. imicola*）和一种未确定的哺乳动物宿主之间形成地方性循环（Mellor 和 Welby，1998；OIE，1997）。然而，血清学证据表明斑马是最可能的宿主（Lagreid，1996；Barnard，1993）。尽管试验证明蚊子（埃及伊蚊、尖音库蚊和斯氏按蚊）、螫蝇、犬壁虱等都能传播 AHS 病毒，但残肢库蠓 *C. imicola* 是被唯一认可的天然媒介（Coetzer 和 Erasmus，1994；OIE，1995/2002；Radostits，Blood 和 Gay，1974）。尽管残肢库蠓 *C. imicola* 分布于欧洲和地中海地区，但除中东、西班牙和葡萄牙暴发了几次疫情以外，该病从未传播到非洲以外的地区。这几次 AHS 疫情与感染宿主或媒介的迁移有关（Lagreid，1996）。虽然尚不了解为何 AHS 没有在这些地区定殖感染（Lubroth，1992），但可能的原因包括缺乏合适的储存宿主以及实施了大规模的免疫计划。

即使新西兰进口了带毒动物，这也不是一个合理的生物学暴露途径，因为新西兰不存在 AHS 唯一已知的天然媒介——库蠓。此外，有证据表明储存宿主仅存在于非洲，因此 AHS 还从未在其他地方定殖感染。

医源性暴露

非肠道注射感染血液，尤其是静脉注射，能够引起 AHSV 暴露（Coetzer 和 Erasmus，1994）。这可能通过在携带病毒期间共用针头等直接输血而发生暴露。然而，考虑到进口动物的价值以及新西兰现成的廉价一次性针头和注射器的充足供应，这种暴露的可能性非常小。

精液

来自携带病毒的供体（种公马）的精液可能会导致受精母马暴露。但这种情况几乎不可能发生，因为种马通常在繁殖季节之前进口以便进行环境适应性训练，这个时间段超过了携带病毒的最长持续时间。

易感动物

除了单蹄动物，脊椎动物的宿主范围可能相当大，在骆驼、山羊、绵羊、牛、水牛、大象和犬中都曾检出抗体（Lubroth，1992）。除了犬在食用了感染的马肉会发生致死性感染外，其他动物似乎对该病具有抵抗力（Lagreid，1996）。由于库蠓（*Culicoides* midges）通常不叮咬犬，因此犬不可能通过这种途径暴露于 AHS 病毒。猪、猫和猴子很难感染该病（Coetzer 和 Erasmus，1994）。尽管一些疫苗株可通过鼻腔感染引起脑炎或视网膜炎（OIE，1996），但人类对 AHSV 野毒株显然不易感。

结论

在新西兰，AHS 病毒通过虫媒暴露的可能性可以忽略。

由于任何感染动物进口后携带病毒的时间都很短暂，因此通过医源性传播、食用马肉、配种或人工受精暴露的机会都是有限的；通过医源性传播、食用马肉而暴露于病毒的动物很少，暴露的可能性也就非常低；由于常用的管理措施，通过精液暴露的可能性也可以忽略。

3.7.8　后果评估

摘要

后果评估确定与危害的传入、定殖或传播相关的生物、环境和经济后果，并估计它们发生的可能性及可能的程度。一个重要的考虑因素是，《SPS 协定》规定仅考虑那些由危害直接或间接导致的后果。因此，与危害无关的任何正面或负面影响（例如，通过进口廉价商品为消费者带来的好处或这些商品对特定行业竞争力的影响）均不属于动物及动物产品进口风险分析的范围。对于每个步骤，都会列出所考虑的相关直接和间接后果。如果未发现任何后果或发现的每种后果的可能性均可以忽略，那么风险分析就此终止。

根据《法典》，后果评估是指描述某个危害暴露的后果，并估计其发生概率。需要了解的第一个后果是至少一只动物或一个人被成功感染。

对动物、人类、环境或经济所造成的后果包括直接后果和间接后果，某个特定结果出现的概率由易感动物暴露后疫病定殖和传播相关的因素确定。

《SPS 协定》规定：

"成员应考虑有关经济因素；由于虫害或疫病的传入、定殖和传播造成生产或销售损失的潜在损害；在进口成员领土内控制或根除病虫害的费用；以及采用替代方法限制风险的相对成本效益。"

《法典》进一步阐述了"有关经济因素"以区分疫病的"直接"和"间接"影响，并提供了与进口风险分析相关因素的典型实例。根据《SPS 协定》规定，仅考虑那些由危害直接或间接导致的后果。与危害无关的影响，比如廉价进口商品对国内特定行业竞争力的影响，则不应予以考虑。另外，后果评估不应考虑商品贸易带来的收益（如对消费者）。

应该对每种危害进行单独处理，并进行合理的、逻辑的以及有参考性的讨论，来：

- 估计至少一只动物被感染的可能性；
- 确定危害传入、定殖及传播导致的生物、环境和经济后果，及其可能程度；
- 估计这些后果发生的可能性。

需注意，危害暴露与不利影响之间必须存在因果关系。

如果任何后果都没有确定或每种后果发生的可能性可以忽略，那么风险分析就此终止。

许多因素可归因于危害，包括：

直接后果

- 家畜、野生动物及其群体暴露的后果：
  - 生物学后果（发病率和死亡率、无菌免疫、潜伏期或恢复期病原携带者、潜伏感染）
  - 生产损失
- 公共卫生后果；
- 环境后果：
  - 物理环境，比如控制措施的"副作用"
  - 对其他生命形式、生物多样性以及濒危物种的影响

间接后果

- 经济学后果：

　　　　– 控制和根除费用

　　　　– 补偿

　　　　– 监测和监视费用

　　　　– 加强生物安全服务的费用

　　　　– 国内影响（消费者需求改变、对相关产业的影响）

　　　　– 贸易损失（禁运、制裁及市场机会）

　　　• 环境后果：

　　　　– 减少旅游业和社会便利设施受损。

　　为评估后果发生的可能程度以及在任何给定程度下发生的可能性，风险分析人员可以识别并描述少数几种"暴发情景"。然后，可以估计每种情况出现的相对可能性，以及每种情况中后果可能出现的程度（如进口活动物）。暴发情景可包括：

　　　• 疫病没有在暴露群体中定殖；

　　　• 疫病在暴露群体中定殖，但很快被识别并根除；

　　　• 疫病在暴露群体中定殖，并在被彻底根除前扩散到其他群体；

　　　• 疫病在暴露群体中定殖，扩散到其他群体并成为地方流行病。

　　直接和间接后果可以从 4 个层面进行估计：农场/村庄、地区、区域和国家。在定性风险分析中，对每个层面的影响可以用"可忽略""中等""显著"或"严重"等术语描述。当考虑疫病暴发的后果时，风险分析人员也需考虑影响的持续性。

　　专栏 7 给出了非洲马瘟后果评估的示例。图 12 显示了马感染非洲马瘟病毒的生物学后果情景树，表 4 则概述了生物、环境和经济后果产生的可能性和意义。

专栏 7　新西兰进口可能感染非洲马瘟病毒马匹的后果评估示例

　　在新西兰，马和犬是唯一可能感染非洲马瘟病毒（AHSV）的动物。AHS 不是人兽共患病，并且不太可能在新西兰定殖。由于暴露的机会有限，因此感染和传播的机会也有限。尽管可能被感染的动物数量很少，但对被感染动物的后果却可能很严重。

　　由于新西兰本土既没有 AHS 天然媒介残肢库蠓（*Culicoides imicola*），也没有其他库蠓（*Culicoides* spp.），因此出现任何病例都与最近进口的动物直接相关。调查成本和短期控制成本可能都很小。

　　新西兰的 AHS 病例不太可能有任何重大的贸易影响。

结论

　　尽管 AHS 病毒传入新西兰后贸易影响和后续防控费用可能是可忽略的，但感染动物很可能会受到严重影响。其他的生物学后果可忽略不计。

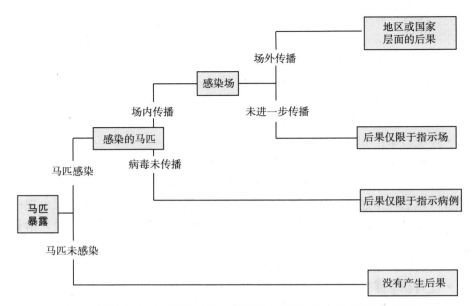

图 12　描述当地马匹暴露于进口的携带病毒马匹的生物学后果情景树

表 4　新西兰进口感染非洲马瘟病毒马匹的后果评估汇总

情景	情景可能性	后果类型	后果可能性	在国家层面该后果的意义
没有当地马匹感染	高		该情景没有不利后果，因而不适用	
一匹当地马感染	非常低	生物的	高	可忽略
		环境的	可忽略	可忽略
		经济的	高	非常低
指示场内传播	非常低	生物的	高	低
		环境的	可忽略	可忽略
		经济的	高	低
指示场外传播	可忽略		该情景可能性可忽略，未做进一步考虑	

3.7.9　风险估计

摘要

　　风险估计步骤汇总了释放评估（传入评估）、暴露评估和后果评估的结果和/或结论。这是风险管理的前提步骤，它决定了是否需要采取卫生措施。

专栏 8　风险估计决策步骤

传入评估（传入的可能性）

进口时，商品携带危害的可能性是否可忽略？

a）如果答案为"是"：风险估计结论为可忽略；

b）如果答案为"否"：继续进行暴露评估。

暴露评估（易感动物和/或人暴露的可能性）

易感动物和/或人通过每种暴露途径暴露的可能性是否可忽略？

a）如果答案为"是"：风险估计结论为可忽略；

b）如果答案为"否"：继续进行后果评估。

后果评估

每种生物、环境或经济后果的可能性是否可忽略？

a）如果答案为"是"：风险估计结论为可忽略；

b）如果答案为"否"：进入风险管理过程。

　　每个危害都需要单独处理，然后汇总传入评估、暴露评估和后果评估的结果或结论，以估计危害在进口国或地区传入、定殖、传播并导致不良后果的可能性。但仅得出危害有传入、定殖和传播的可能性或可能会出现一些后果是不够的，必须对这些因素中每一个的可能性进行评估。可以按照专栏 8 中概述的决策步骤，以确保风险估计是透明的。如果估计后认为风险不可忽略，采取卫生措施才是合理的。重要的是要记住，风险分析在不同程度上都是主观的，"某个风险是可忽略的"的结论也是评估者的主观判断。专栏 9 提供了新西兰进口马匹感染非洲马瘟病毒的风险估计示例。

专栏 9　新西兰进口马匹感染非洲马瘟病毒的风险估计示例

传入评估（传入的可能性）

夏季或秋季从非洲 AHS 疫区进口马匹携带 AHS 病毒的可能性低。

暴露评估（易感动物和/或人暴露的可能性）

新西兰国内易感动物（马或犬）通过下列途径暴露于 AHS 病毒的可能性：

• 通过昆虫媒介或精液暴露的可能性可忽略；

• 通过被污染的外科手术设备、针头等，或经口摄入感染马肉的可能性非常低。

后果评估（所导致的生物、环境或经济后果的可能性及其可能程度）

虽然一只或几只动物被感染的可能性低，但这些动物的生物学后果很可能是高的。在新西兰，大量易感动物感染 AHS 的可能性为可忽略。环境后果为可忽略，国家的经济后果为低或非常低。

> **风险估计**
>
> 虽然 AHS 病毒不会在新西兰定殖，但从疫病流行区进口的马感染病毒并传播给其他马的可能性非常低。对于感染动物，感染后果可能很严重，尤其是如果它们感染了肺型、心型以及混合型非洲马瘟。因此，若对 AHS 病毒的风险估计高于"可忽略"，则采取卫生措施是合理的。

3.8　风险管理

> **摘要**
>
> 风险管理步骤将检查可用于有效管理每种危害导致的风险的动物卫生备选方案，以达到进口国或地区可接受的风险。一个重要的考虑因素是，根据《SPS 协定》的规定，除非疫病可能会传入、定殖或传播并导致不可接受的生物和经济后果，否则基本上不应该对动物和动物产品国际贸易施加任何限制（卫生措施）。因此，最终选择的卫生措施必须：
> - 基于风险分析，而不是简单的随意选择；
> - 仅应用于合理有效地管理总体风险所必需的范围内；
> - 不构成变相的贸易限制；
> - 既不会导致进口国（或地区）和出口国（或地区）之间的歧视，也不会在条件类似的情况下（疾病状况、控制计划等）给予一个出口国或地区相比于另一个的优待；
> - 在技术上、操作上和经济上均可行。
>
> 确定了 4 个组成部分：
> (1) 风险评价，指将估计的风险与进口国或地区的可接受风险进行比较。
> (2) 备选方案评价，指确定、评估和选择卫生措施，以便根据进口国或地区的可接受风险来有效地管理风险。
> (3) 实施
> 　　- 对风险分析和选定的卫生措施进行科学的同行评审，以确保该分析在技术上是可靠的，并且这些措施既适合于具体情况又符合国际义务；
> 　　- 适时将选定的卫生措施通报世界贸易组织（WTO）并予以实施。
> (4) 监测和审查，指对卫生措施进行审核，以确保其能达到预期的结果。

风险管理是为了对与进口商品有关的危害所导致的风险进行有效管理而制订并执行卫生措施的过程。仅仅确定可能降低风险的一系列措施是不可接受的。选择的措施与风险评估之间必须有合理的联系，以保证风险评估结果支持所采取的措施。

当存在重大不确定性时，可能会采取预警方法。但是，所选择的措施必须基于风险评估，该风险评估考虑了可用的科学信息。在这种情况下，一旦获得更多的信息，则应该重新审查所采取的措施。简单地说，因为存在重大不确定性，所以采取预警方法，这是不可接受的。选择措施的理由必须明确予以说明。

每一种危害都应按照下列步骤单独处理：

- 风险评价；
- 备选方案评价；
- 实施；
- 监测和审查。

3.8.1　风险评价

摘要

　　风险评价是将风险评估中估计的风险与进口国或地区的可接受风险进行比较。如果评估的风险大于可接受风险，则可以采取卫生措施。可接受风险反映了与保护动物卫生和公共卫生的双重目标相适应的风险水平，同时履行了《SPS 协定》规定的最大程度减少国际贸易中断的义务。尽管没有适用于所有国家的唯一或确定的可接受风险水平，但在每个国家内，它始终适用于与各种进口商品有关的各种风险途径，这是 WTO 成员的义务。

　　一个重要的考虑因素是，根据《SPS 协定》规定，如果一种疫病在某领土传入、定殖或传播以及导致不可接受的生物和经济后果的可能性不大，那么对动物和动物产品国际贸易基本上不应有任何限制（卫生措施）。因此，如果风险评估中确定的风险估计值大于进口国或地区可接受风险，那么采取卫生措施是合理的。可接受风险是指 OIE 各成员判定的与其境内动物卫生和公共卫生保护目标相适应的风险水平。该术语反映了一个国家希望在参与国际贸易和与此类贸易相关的病虫害风险之间达到平衡。《SPS 协定》中对应的术语是"适当【卫生或植物卫生】保护水平"，通常缩写为 ALOP，也被称为"可接受风险水平"。

　　一个国家的可接受风险水平（ALOP）是一种社会或政治判断，需要在对人类和动（植）物卫生风险做出个人决策之前确定。《SPS 协定》承认每个成员都有权利设定本国（或地区）的 ALOP，因此可接受风险水平可能因国家而异。尽管没有适用于所有国家或地区的唯一或确定的可接受风险水平，然而至关重要的是，每个国家或地区的 ALOP 必须始终适用于与从不同国家或地区进口商品相关的各种风险途径及相关危害。这将能确保避免保护水平上的任意区分。

　　但是，社会中的某些利益团体要求主管部门采取"零风险"政策的情况并不少见，特别是在他们认为与特定危害相关的风险无论如何都无法得到有效管理的情况下。在某些情况下，利益相关者可能担心进口廉价商品会使本地生产商遭受重大的经济竞争。尽管"零风险"进口政策对某些人来说可能具有直观的吸引力，但要实行这样的政策将需要完全禁止所有进口，或者采取一系列与实际风险水平不相称的繁重措施。由于非法贸易活动和/或自然入侵，即便这些措施也不足以消除所有风险。

更复杂的是，至少在进口活动物情况下，进口利益可能仅有相对较少的人获得，如进口优质遗传资源的企业家。另外，这些风险则可能由许多人承担，包括畜牧行业、公众和纳税人，他们可能要承担根除任何传入疫病的成本。这就意味着企业家可以接受的风险对于畜牧行业或公众来说是不可接受的。

在这种背景下，风险管理人员的职责是确定某特定风险是否超过了该国可接受的风险水平，以及是否需要采取卫生措施来将评估的风险降低到可接受水平。风险评估人员与风险管理人员必须有密切的联系，因为风险分析的结果与所选择的卫生措施之间必须存在合理的关系。明确风险评估人员和风险管理人员的职责很重要。例如，风险管理人员对风险评估有何期望？任务是提供对风险的估计、提供一系列可用于管理风险的备选方案、还是建议采取特定的卫生措施？谁负责确定、选择和实施卫生措施？风险管理人员和评估人员之间是否应该有一个透明的、互动记录的流程？不管这些问题的答案是什么，最重要的指导原则之一是，风险分析应该在决策之前，而不是用于支持已经做出的决策。

3.8.2　备选方案评价

摘要

> 在备选方案评价中，确定、评估和选择卫生措施，以便根据进口国或地区的可接受风险和 WTO 义务有效管理风险。至关重要的是，确保对《法典》中已有的卫生措施予以考虑；确保卫生措施是基于通过风险分析制定的科学原则（不是任意选择或应用）；确保通过选择在技术上、操作上和经济上均可行的措施来最大程度地减少贸易负面影响，且这些措施仅在保护人或动物生命或健康所必需的范围内实施；以及确保在出口国或地区条件类似的情况下，这些措施不会导致进、出口国或地区之间产生歧视或给予一个出口国或地区相对于另一个出口国或地区的优惠待遇。

如果在风险评价步骤中确定所考虑商品中的危害造成的风险水平大于进口国或地区的可接受风险，则需要对有效管理这些风险的备选方案进行确认和评估。

考虑卫生措施时，WTO 成员必须确保最终选择的措施：

- 基于风险分析，而不是简单地任意选择；
- 仅在合理有效地管理总体风险所必需的范围内适用；
- 没有变相限制贸易；

• 在出口国或地区条件（疫病状况、控制计划等）相似的情况下，不会导致进、出口国或地区之间的歧视，也不会导致给予一个出口国或地区相对于另一个出口国或地区的优惠待遇；

• 始终适用于一系列可能含有相同危害的商品，以避免出现不同保护水平的情况；

• 在技术、操作和经济上均可行。

从上述内容可以清楚看到，卫生措施必须是科学合理的，并以风险分析或相关国际标准为基础。根据《SPS 协定》，在科学信息不足以支撑开展全面风险分析时，成员可采取临时措施，前提是他们尽力获取额外信息使风险分析更加客观，并在合理时限内对卫生措施进行相应的审查。

如专栏 10 所述，在确定、评估和选择卫生措施时必须考虑若干重要步骤。

风险管理示例见专栏 11。

3.8.3　科学的同行评审

风险分析是基于科学的一门学科，因此风险分析应经过同行评审。对风险分析和卫生措施进行科学的同行评审，目的是确保该分析在技术上是可靠的，且这些卫生措施既适合具体情况又符合国际义务；并且决策者确保它能够承受来自反对进口或赞成无限进口的利益相关者的批评，以及承受 WTO 规则下的潜在挑战。

为确保风险分析的技术稳健性，应遵循以下流程：

• 内部科学评审；

• 选择风险分析领域的专家进行外部科学评审，并将其应用于所考虑的疫病。

评审人员通常是根据他们在其所属领域公认的权威地位来选择的。只有当评审者清楚地了解对他们的期望时，外部科学评审才能正确开展。这意味着必须给予评审者特定的职责。例如，

• 该方法在生物学和技术上是否合理？该过程的逻辑是否清晰？从危害识别、风险评估到制订适当的卫生措施，这些步骤是否容易遵循？

• 文件是否明确说明使用了哪些数据以及在哪里进行了假设？

• 文献引用是否准确？有什么重要的出版物被忽略了吗？

• 引用的参考文献是否适当？例如，关键的流行病学观察结果是否基于次要来源，最好咨询主要来源？

• 是否适当应用了相关国际标准？

• 在对风险进行定量评估的部分：

　- 是否确切说明了建模的内容？

　- 是否在书面文本中充分描述了建模情景和建模方法？

专栏 10　确定、评估以及选择卫生措施以有效管理风险，使之达到进口国或地区可接受风险的步骤

（1）确定可能的措施，包括《法典》里的卫生措施。

• 为了帮助确定适当的备选方案以便有效管理风险，有必要制定一个目标来阐明这些备选方案应达到的目的。目标设置必须非常具体，例如，为有效管理非洲马瘟传入风险，采取的卫生措施应能确保进口马匹不携带病毒。

（2）选择一个备选方案或组合多种方案，以达到进口国或地区的可接受风险。选择备选方案时应考虑以下指导原则：

• 确保考虑了《法典》中的卫生措施。

 - 如果有科学证据证明《法典》中的措施无法有效达到进口国或地区的可接受风险水平，则可以采取更高保护水平的措施。或者，如果有充分理由证明所使用的措施能有效管理风险，则可以采用比《法典》推荐的更为宽松的措施。

• 确保备选方案不是随意选择或应用的，而是基于科学原理，最好在风险分析中详细阐述了这些原理。

 - 评估危害传入、暴露、定殖或传播的可能性，以及根据可能采用的方案估计生物、环境和经济后果发生的程度和可能性。

• 确保对贸易的负面影响最小化。

 - 所选择的方案应在技术、操作和经济上可行，并仅在保护人类或动物生命或健康所必需的范围内适用。

 - 重要的是，要避免对风险途径的某些部分进行过度管理的情况。因此在确定一套合适的卫生措施时，需要从整个风险途径的整体角度去考虑每项措施，而不是孤立地考虑单一措施。如果某项特定措施对降低总体风险的贡献微不足道或可以忽略，那么它实际上是多余的，不应包括在内。包括多余的措施是没有道理的，将其包括在内可能还会造成不必要和不合理的技术和/或实施困难，以及不必要的成本上涨。应当认识到，为达到进口国或地区的可接受风险，不太可能需要在风险途径的每一步都采取卫生措施。

• 还应确保在出口国或地区条件（如疫病状况、控制计划等）相似的情况下，不会导致进、出口国或地区之间的歧视，也不会导致给予一个出口国或地区相对于另一个出口国或地区的优惠待遇。

专栏 11　新西兰进口可能感染非洲马瘟（AHS）病毒马匹的风险管理示例

风险管理

风险评价

由于对 AHS 病毒的风险估计值不是可忽略的，因此需要采取卫生措施以达到新西兰的可接受风险水平。

备选方案评价

目标

为有效管理非洲马瘟（AHS）病毒的风险，所采取的卫生措施需确保马匹在混群时没有携带病毒。

可用的卫生方案

由于目前可用的商品化疫苗不太可能预防病毒血症，因此确保马匹在混群时不携带病毒的唯一方法就是，确保这些马匹一直饲养在无疫国家或无疫区，或者使马匹在病毒携带期加上潜伏期这段时间内远离昆虫媒介。由于潜伏期可能长达 14 天，病毒携带期可能持续 21 天，因此马匹应在 35 天免受昆虫媒介侵扰。因为活疫苗接种后的带毒期与自然感染导致的持续时间相似，所以马匹免疫需要在混群之前不少于 35 天进行。

《法典》详细说明了定义无疫国家或无疫区的公认标准，并规定了从无疫国家或无疫区进口家养马的条件。《法典》中规定的要求与上述目标是一致的。因此，《法典》提供了适当措施来降低从无疫国家或无疫区进口的马匹感染 AHS 病毒的风险。

《法典》规定了从感染国家或感染地区进口家养马的条件。虽然要求对未接触昆虫媒介、且未免疫动物的 AHS 检测结果为阴性是不合理的（如《法典》中规定），但这些要求与上述目标是一致的。在这种情况下，若血清反应阳性表明该动物曾被感染过，不能说明目前有传染性。除了对未接种疫苗的动物进行检测的要求外，《法典》还提供了适当措施以降低从感染国家或地区进口马匹时引入 AHS 病毒的风险。

推荐的卫生措施

马匹必须满足以下其中之一的条件：

a）来源于《法典》规定的无 AHS 的国家或地区，并满足从无 AHS 的国家或地区进口家养马的要求。

b）如果马匹来自 AHS 感染的国家或地区，则在混群之前 35 天，应保护这些马匹没有接触昆虫媒介。可以使用活疫苗进行免疫，但是必须在马匹混群之前至少 35 天进行免疫。

　　　　－ 建模情景是否合理、合乎逻辑和恰当？
　　　　－ 模型的每一次迭代都能产生生物学上合理的输出吗？
　　　　－ 模型的结构是否合适？
　　　　－ 使用的数据是否适当？
　　　　－ 该模型在数学上是否合理，所使用的公式是否合适？
　　　　－ 使用的分布是否适合要建模的数据或信息？
　　　　－ 是否忽略了可能适合定量评估的任何数据或信息？

　　风险分析人员应仔细考虑从评审人员处收到的每一条评论，并将其适当纳入分析中。如果未采纳评审人员的建议，则应充分解释并记录其理由，以防后期对分析结论有质疑时提出同样的问题。

　　主管部门通常应对评审风险分析的专家提供补偿。

3.8.4　实施

> **摘要**
>
> 　　在实施步骤中，重点是对要采取的卫生措施做出最终决策。如果这些措施实质上与《法典》中规定的不同且可能会对国际贸易产生重大影响，则需要通报 WTO。应留出足够的时间（通常为 60 天）以考虑 WTO 成员的意见。

　　实施的重点是就考虑的特定商品采取的卫生措施做出最终决策。一旦在备选方案评价步骤中确定了措施，在此阶段应考虑：
　　• 明确谁是决策者，并透明地记录做出那些不基于风险分析或不受风险分析支持的决策的依据；
　　• 酌情通报 WTO。

3.8.4.1　决策

　　风险分析给出了关于卫生措施是否合理的建议，如果合理，则是达到进口国或地区可接受风险水平所需的措施类型，但在最终决策时可以考虑其他因素。如果做出了这样的决策，已经考虑了哪些因素？是否考虑了与疫病无关的影响？如果确实考虑了，是如何考虑的？阐明谁做决策也是很重要的。例如，是首席兽医官还是主管部门中的其他官员？还是在政治层面做出的决策？为确保透明度，至关重要的是，如果最终决策不基于风险分析或不受风险分析支持，那么决策者应充分记录其决策依据。

3.8.4.2　WTO 通报

　　一旦主管部门接受了进口风险分析的建议，并且已经起草了拟议的卫生措施一览表；如果该一览表包括以下内容，则 WTO 成员必须通报其他成员：
　　• 不存在国际标准、指南或建议的措施；

• 与国际标准、指南或建议实质上不同且可能对其他 WTO 成员的贸易有重大影响的措施。

为了确定是否可能对贸易产生重大影响，需要考虑以下因素：

• 进口对有关进口和/或出口成员的价值或其他重要性，无论从其他成员单独进口还是集体进口；

• 此类进口的潜在发展情况；

• 其他成员生产商遵守该措施的困难之处。

对其他成员贸易产生重大影响的概念应包括进口增加效应和进口减少效应两方面。这一概念应做广义解释，并且如对必要性有任何疑问，应将卫生措施通报各成员。

除紧急情况外，应预留足够的时间来考虑评论、进行修正和使出口商适应。在拟议的卫生措施生效之前，通常的磋商期为 60 天。在紧急情况下，仍须通报拟议的卫生措施，并简要说明该措施的目的和理由，包括紧急情况的性质。必须增加成员发表评论的机会，并应充分考虑这些评论。

3.8.5　卫生措施的监测和审查

摘要

在监测和审查步骤中，对卫生措施进行审核以确保达到预期效果。例如，对出口国（或地区）和进口国（或地区）实施的卫生措施和认证要求进行审核。随着新信息或审核结果的发布，可能需要对措施本身或依据的风险分析进行审查。

一旦实施了卫生措施，就需要对其进行监测以确保达到预期效果。这可以通过审核出口国（或地区）和进口国（或地区）实施的各种卫生措施和认证要求来实现。随着新信息的获取或审核结果的得出，有时可能需要对措施本身或依据的风险分析进行审查。

与动物或动物产品进口有关的风险是动态的。对于先前确定的风险，其影响因素在出口国或地区内外可能每天都在变化。这种日常波动大部分可通过风险分析过程来弥补。但是，有几个重要因素可能会立即对风险产生影响，因此应对这些因素进行监测。另外，与每种风险分析相关的特定因素，由于它们对最终风险估计产生潜在影响，因此可能需要定期审查。

需要立即进行重新评估的重要因素可能包括出口国或地区、相邻国家或地区动物疫病状况的变化情况。需要更新风险分析的其他重要事件包括：影响负责出口过程官员的重大政治变化、影响动物卫生基础设施的自然灾害、社会稳定度下降（如劳动力短缺之类），这些都可能影响负责关键活动人员的可用性、经济状况的重大变化和涉及相关动物商品或产品的新风险分析的完成。

可通过风险分析过程来确定需要定期监测的特定因素。在进口过程中，应监测那些蕴含最大不确定性或对风险估计影响最大的步骤。通过监测可以收集其他信息，这有助于确定是否需要对这些步骤进行修改。

由于风险随进口商品数量的增加而增加，因此在某些情况下，只要在任何指定的时间单位内未超过指定的商品数量，就可以允许进口。在这种情况下，应监测进口商品数量以确保其不超过预期数量。如果进口量超过风险评估中估计的数量，则可能需要采取其他卫生措施。不太明显但同样重要的是，对进口过程中所采用的卫生措施进行监测，以将风险降低至可接受水平。特别是，如果这些步骤是新的，或者需要在出口国（或地区）或进口国（或地区）内改变正常的生产或贸易过程，则可能需要定期确认这些措施在适当实施中。

参与拟议进、出口的国家中，负责动物卫生规划的官员有责任确保涉及的相关机构与其工作人员之间定期进行公开坦诚的交流。交流内容包括及时反馈完成和更新风险分析所需信息，以及定期报告有关风险分析的状态。

4　在风险分析报告中呈现结果

4.1　透明度

摘要

一份透明记录的风险分析报告可提供足够详细的分析信息，包括其范围、目的、方法、结果以及得出结论和提出建议的理由，这是科学的同行评审过程的基本前提。为确保与所有受影响和有利害关系的各方（换言之，利益相关者，包括决策者和贸易伙伴）进行有效沟通，同样也需要透明记录。由于风险分析是基于科学的，因此分析报告的撰写方式应反映这种基于科学的方法。

《法典》将透明度定义为：全面记录风险分析所采用的所有数据、信息、假设、方法、结果、讨论和结论。结论应以客观和逻辑的讨论为依据，应注明全部参考文献。

透明度对于确保以下内容很重要：
- 分析中保持公平与合理；
- 决策的一致性；
- 所有相关方均能理解所采取的方法；
- 所提假设被记录在案；
- 不确定性得到恰当处理；

- 提出结论和建议的理由很明确；
- 向利益相关者提供了实施卫生措施或拒绝进口的明确理由。

4.2 进口风险分析报告中包含的信息

专栏 12 提供了进口风险分析报告的模板。

本部分内容提供了便于交流风险分析结果所需的详细指南。重要的是要：

- 重述已经提出的问题。
- 借助合适的图表（如情景树），清楚地解释风险分析结构。
- 关注那些与分析逻辑链直接相关的信息：
  - 每种疫病应只在必要的范围内进行讨论，以使读者能够了解危害传入、定殖或传播的可能性及其相关后果。例如，如果得出的结论是，一种危害释放至进口国或地区的可能性是可忽略的，则不需要进行暴露评估和后果评估以及探究卫生方案。
  - 不需要详细描述临床症状、病理特征、治疗方法等，除非这些直接关系发现患病动物的可能性或管理疫病风险。
  - 对于某些商品，一旦完成针对特定危害的风险评估并提出了卫生措施，如烹饪等加工形式，则不需要对其他潜在危害进行全面的风险分析，因为针对第一种危害提出的措施也将解决其他危害带来的风险。在这种情况下，可能只需要评估拟议措施对其他潜在危害的效力。
- 记录所有证据、数据和假设，包括其参考文献。
- 在合适的地方使用带清晰标签的、整洁的图表。
- 开展定量分析时，避免将结果精确到小数点后一位或两位以上，因为将结果计算到小数点后几位通常意味着无法达到的精确度。可以考虑仅将结果计算到最接近的数量级。
- 确保报告尽可能集中和整洁。
- 尽量减少统计数据。
- 只要合理可行，就以口头形式交流结果。口头交流可确保更好地理解问题和风险分析的结果。

专栏 12 进口风险分析报告模板

1. **日期：**

2. **标题：** 在确定范围步骤中，需要考虑以下方面：动物或动物产品的性质、来源（包括原产国）以及预期用途；所涉动物物种的科学名称；通常采用的相关生产、制造、加工或测试方法以及质量保证计划（如 HACCP）；以及对可能的年度贸易量的估计。

3. **背景：** 提供一段关于需求的简短描述。

---

4. **目的：** 明确说明目的，例如，"识别并评估【危害】传入【进口国或地区】并传播或定殖的可能性，以及由于进口【动物或动物产品】而对动物或人类健康造成潜在后果的可能性和可能程度；推荐适当的卫生措施。"

5. **风险交流策略：** 概述咨询对象以及咨询时间/方式。

6. **执行摘要：** 应简洁、完整，并包含决策者所需的所有要素。

7. **危害识别：** 列出危害以及支持理由。

8. OIE **《法典》中的卫生措施：** 说明是否有可用的 OIE 措施、是否将采用这些措施以及支持理由。

9. **风险评估**

a）**传入评估：** 描述将每种危害引入该国所需的生物（风险）途径。提供已考虑的并支持得出总体结论的相关生物、国家或商品因素的详细信息（包括有关如何考虑不确定性以及做出的任何假设的详细信息）。

b）**暴露评估：** 描述该国易感动物和/或人暴露于每种危害所必需的生物（风险）途径。提供已考虑的并支持得出总体结论的相关生物、国家或商品因素的详细信息（包括有关如何考虑不确定性以及做出任何假设的详细信息）。

c）**后果评估：** 描述与每种危害的传入、定殖或传播有关的生物、环境和经济后果。提供已考虑的并支持得出总体结论的相关直接和间接后果的详细信息（包括有关如何考虑不确定性以及做出的任何假设的详细信息）。

d）**风险估计：** 概述释放评估、暴露评估和后果评估的结果和/或结论。

10. **风险管理：** 讨论选择所选动物卫生方案的理由，以及如何考虑科学同行评审的建议和利益相关者的反馈。

11. **结论和建议：** 列出主要发现，包括概述不确定性来源和所做假设。

12. **参考文献：** 列出所用信息的所有来源。

为了透明起见，风险分析必须得到充分记录，并有科学文献及其他信息资源的支持，包括专家意见。分析还必须提供合理、逻辑的讨论，以支持结论和建议。必须有关于所有数据、信息、假设、方法、结果和不确定性的全面文档。因为风险分析是基于科学的，所以风险分析应以反映这种基于科学的方法的方式来撰写。这些分析应该接受同行评审。

流行病学观察是分析过程中的关键，应归因于主要来源。如果引用了大量参考文献来支持某一特定观点，分析人员则应确保这些参考文献均基于独立研究。换句话说，分析人员引用的多个参考文献不应该基于相同、单一的主要来源。

如果使用专家意见来估计风险评估中的关键输入信息，则应记录得出专家意见的方法（见《动物和动物产品进口风险分析手册》第二卷第 6 章，OIE，2004）。

专栏 13　进口风险分析撰写指南

建议在可行的情况下，尽可能根据 OIE《科学技术评论》向文稿作者提供的指南来撰写进口风险分析报告。以下指南改编自《科学技术评论》向作者提供的指南：

1. 标题、主管部门的名称和地址

标题应充分描述风险分析所涵盖的商品。进口风险分析应归功于委托该分析的主管部门。尽管某些主管部门认为开展分析的人员名单应记录在"致谢"部分，但将官方的风险分析归功于个人并不合适。

2. 摘要

摘要应篇幅适中，且说明风险分析的方法、主要结论和建议。第一次使用的缩略词应在之前加上完整形式。

3. 文本

与提交给 OIE《科学技术评论》用于出版的手稿不同，进口风险分析报告是大型文件。为进口风险分析报告推荐特定的篇幅长度是不合适的，其篇幅长度应适合相应分析范围。为了履行透明度义务，分析报告的篇幅可能很长。然而，对于理解风险分析主要结论不是直接必要的细节，分析人员应使用附录来解释，应避免不必要的长段落。

分析人员应尽量写得清楚而简洁。

计量单位应采用公制表示，并在适当情况下采用国际单位。

应描述诊断方法，并标注参考文献。

在正文中，兽药、试剂和实验室材料应使用其通用名称（仅在必要时使用商业名称）。

缩写词和首字母缩写词应在首次使用时进行定义，并整理成表格。

4. 参考文献

参考文献可以放在脚注中作为每章末尾的参考书目，或置于整个风险分析的末尾。参考文献的放置位置可以根据分析篇幅大小以及委托分析的主管部门偏好来决定。如果参考书目出现在每章的末尾或整个风险分析的末尾，则应按作者的字母顺序列出编号的参考文献（可选）。在正文中，引用的参考文献应按数字编号并用括号括起来。

按优先顺序，应完整列出参考的期刊和综述名称。未发表的数据和私人沟通资料应在正文或脚注中提及，而不应列入参考文献清单。所有未发表的数据和私人沟通资料应打印存档，可在风险分析受到质疑时提供。

每个参考文献列出所有作者的姓氏、名字首字母、出版年份、完整标题、期刊、卷、期和页码，如下例所示。同一作者的论文应按时间顺序列出

（先列出一位作者的作品，再列出与其他作者合著的作品）。

来自期刊或综述的文章

♯. Douglas B. , Moffat L. , Russell V. & Coulton P. （1982）. – Study on the persistence of foot and mouth disease antibodies in calves born of vaccinated dams. Rev. sci. tech. Off. int. Epiz. , 1 （2），875 – 892.

待刊文章

♯. Douglas B. , Moffat L. & Russell V. （2000）. – A study on foot and mouth disease antibody production in cattle with protein deficiency. Rev. sci. tech. Off. int. Epiz. （in press）.

一本书的某章或会议报告

♯. Read P. , Cousins C. & Murray R. （1992）. – Assessment of the immunogenicity of different strains of Bacteroides nodosus. In Proc. 4th Symposium on sheep diseases（P. Morris & G. Roberts，eds）. 12 – 14 February 1991，Paris. Vigier，Paris，894 – 897.

电子文献

♯. Read P. , Cousins C. & Murray R. （1992）. – Assessment of the immunogenicity of different strains of Bacteroides nodosus. Available at：www. websiteaddress. org/detailed _ address（accessed on 6 April 2010）.

可引用电子文献（光盘文件以及网络上的文件，需提供网址和访问日期），但主管部门应确保将网上文件的纸质副本保留存档，因为网站可能会进行审查和更改。如对进口风险分析提出质疑时，主管部门应能提供分析中引用的任何文件的副本。

应该参考网络上的具体文件，而不是组织的主页。

5. 图表

应对图表进行编号并注明简单明了的标题，以便减少返回正文的次数。所有列、行和轴都应附有标签。将数据作为单个值、平均值和标准差或其他适当的分布参数来提供都是合适的。与数值有关的注释、评论或解释应使用与表格下方注释相连的上标字母［如[(a),(b),(c),(d)]］表示。非广泛使用的缩略词应该加以解释。图表应阐明正文中的信息，而不是仅仅重复信息。

第 3 章 风险交流

1 简介

根据《法典》定义，风险交流是公开、互动、反复和透明地交流与危害及其相关风险以及拟议的改善措施等相关信息的过程。风险交流是在进出口国或地区的风险评估人员、风险管理人员以及潜在受影响方和/或利害关系方（利益相关者）之间进行的。

对于任何风险问题，最好的结果是将风险降低到可接受水平，同时尽量减少争议、分歧和有效管理风险所需的措施。风险交流可能不能解决利益相关者的所有分歧，但可能会使他们更好地理解特定决策的基本原理。从一开始就参与决策过程的利益相关者不大可能对结果提出质疑，特别是在他们关注的问题得到了充分解决的情况下。

2 参与风险交流过程的人员

风险交流过程的参与者是进出口国或地区中所有潜在受影响方和/或利害关系方（利益相关者）。这些参与者通常被称为利益相关者，包括进出口国或地区的主管部门、WTO 和 OIE、进口商和出口商、生产者、农场主和消费者组织、学术和科研机构以及媒体。为了确保开展有意义的对话，所有利益相关者都必须承认，尽管他们有权利提出相反的观点，但他们也有义务提供与分析相关的合理论据。除了这一基本权利和义务外，利益相关者还具有以下特定角色和职责。

2.1 主管部门

一个国家的主管部门负责制定和实施风险交流策略，为利益相关者提供机会参与其中。主管部门还需要确保所提供信息的复杂程度适合特定的利益相关群体，并及时、充分地解决利益相关者的合理关切。

2.2　国际组织

OIE 负责制定和发布确保动物和动物产品安全贸易的国际标准，并负责收集和报告有关特定动物疫病和人畜共患病的信息。

由 WTO 成员组成的 WTO/SPS 委员会负责管理《SPS 协定》的实施。根据《SPS 协定》通报程序的要求，SPS 委员会负责在成员之间交流风险管理决策。

2.3　进口商和出口商

进口商和出口商可能是风险评估和风险管理步骤的重要信息来源，因为他们可能掌握各种商品生产和加工方法的专业知识。在某些情况下，这些信息可能具有商业敏感性，除非能够保证保密，否则他们可能不愿意与主管部门共享。

2.4　生产者、农场主和消费者组织

生产者、农场主和消费者组织在传播信息并将其成员的关注和观点传达给主管部门方面发挥着重要的作用。从一开始就将他们纳入风险分析过程，将有助于确保其成员的关注得到充分解决，并有助于他们理解风险管理决策的基础。

2.5　学术和科研机构

学术界和科学界可通过提供动物疫病方面的专业知识以及协助开展危害识别、风险评估和风险管理而发挥重要作用。媒体或其他利益相关者可能要求他们对主管当局开展的风险分析和所做的决策发表评论。他们在公众和媒体中通常具有很高的信誉，并且可以作为独立的信息来源。风险认知或风险交流方面的专家还可以向主管当局提供有关交流方法和策略的建议。

2.6　媒体

媒体可以发挥重要作用，因为公众接收的有关动物卫生风险的大量信息很可能来自媒体。媒体可以传递信息，也可以创建或解释信息。媒体很少局限于官方信息来源，其信息往往反映出特定利益相关者的关注。媒体可成为风险交流过程中极有价值的合作伙伴，并可以促进各利益相关者之间互动、透明地交流信息、观点和所关注问题。

3　风险交流过程何时开始

理想情况下，风险交流过程应在每次风险分析启动时就开始，以确保利益相关者从一开始就有机会参与其中。利益相关者越来越希望在做出决策之前，他们

就有机会参与磋商。他们很容易获得各种信息，并且不太依赖于科学界或政府来评估风险并代表他们做出决策。

一旦主管部门决定对某一特定商品开展进口风险分析，就应制定风险交流策略。应以包含而非排他为目的来确定利益相关者。向利益相关者提供有关拟议分析范围和初步危害清单的信息，使他们能够从一开始就提出意见并与主管部门共享相关信息。

4　制订风险交流策略时应考虑的因素

有效的风险交流需要准备和传播的有关信息包括：风险分析范围、拟考虑的危害、风险评估本身、为有效管理危害造成的风险而提出的卫生措施、最终决策等。应向利益相关者提供与主管部门进行双向对话的机会，以确保他们的合理关注和评论能得到充分处理。应考虑以下因素。

4.1　确定利益相关者

在大多数情况下，主管部门能够确定主要的利益相关者群体，如生产者、农场主和消费者组织。由于包容性是很重要的，因此应探索各种方法来确定其他潜在的利益相关者，以便尽可能完整地列出一份清单。例如，官方出版物、网页和报纸上的公告可有助于识别可能受影响或有利害关系的当事方，并邀请他们登记为利益相关者。

4.2　为利益相关者提供参与的机会

一旦确定了利益相关者，就应该探讨为他们提供必要信息的最合适和最具成本效益的方法。备选方案包括直接邮寄、官方出版物、网页、报纸上的公告和/或广告、新闻稿以及与特定团体的会议。此外，还应考虑有效反馈的机制，包括通过信件、电子邮件或网络提交意见等。

4.3　向利益相关者提供信息

提供给不同利益相关者的信息的性质和类型可能会有所不同，具体取决于他们的需求和技术理解能力。因此，向利益相关者提供几种可选择的方案很重要，从提供所有技术细节的档案材料到提供该档案材料的摘要、解释传单以及新闻稿。

4.4　掌握风险交流专业知识

成功的风险交流，需要能够与利益相关者互动的技能，以及为特定利益相关者群体准备合适的信息和消息的技能。在风险交流方面受过适当培训和有专业知识的人员应尽早参与，尤其是在风险分析可能引起争议的情况下。

5　风险交流的目标

有效的风险交流策略的目标是：

• 从风险分析开始就通过与利益相关者进行互动、反复（双向）的对话来自由交流信息；

• 通过为利益相关者提供机会共享原本无法获得的信息，从而最大限度地提高风险分析过程的有效性和效率：

－ 危害识别和风险评估步骤中的风险评估人员

－ 确定和评估可用卫生措施的风险管理人员

• 向特定利益相关群体提供有意义的、相关的、准确的、清楚的和有针对性的信息；

• 促进对特定问题的认识和理解；

• 通过记录所有科学数据、信息、假设、不确定性、方法、讨论、结论和做出决策时需要考虑的其他因素（国际协定、国内立法、社会、经济、宗教和道德问题以及利益相关者的风险认知等），提高制定和实施风险管理决策的一致性和透明度；

• 向利益相关者保证将解决他们的合理关注，并及时反馈；

• 强化风险分析过程中所有参与者之间的工作联系和相互尊重；

• 增强公众对进口商品安全性的信任和信心。

6　有效风险交流的障碍

6.1　缺乏可信度

人们对从可靠来源获取的信息比从不可靠来源获取的信息更加重视。对能力或专业知识的信任、可信赖性、公平性和缺乏偏见等都能影响可信度。信任和信誉很容易丧失，但很难恢复。研究表明，不信任和可信度低是夸大、歪曲和关注既得利益的产物。

6.2　缺乏参与

对结果有重要利害关系的利益相关者未参与风险分析过程，则可能会产生严重问题。从一开始就邀请利益相关者参与该过程并为他们提供评论和提出他们关注的机会，是解决这一问题必要和有效的手段。在某些情况下，利益相关者可能不愿意参与其中，因为要求他们提供的信息具有商业敏感性。主管部门需要向他们保证不公开这些信息。

6.3 风险比较

为了使风险看起来更容易接受，故意将与调查危害相关的风险估计水平与更熟悉的风险进行比较，可能会产生问题。一般而言，应避免进行风险比较，除非：

- 两个（或全部）风险估计都同样合理；
- 两个（或全部）风险估计都与特定受众相关；
- 两个（或全部）风险估计的不确定性程度相似；
- 利益相关者关注的问题得到了承认和解决；
- 商品、产品或他们的行为进行直接比较，包括自愿和不愿暴露的概念。

6.4 风险认知的差异

个人对同一危害所导致的风险可能会有非常不同的认知。态度和看法一旦形成，就很难改变。人们倾向于接受那些支持自己观点的信息，而排斥不支持自己观点的信息，当人们看到相互矛盾的信息时，尤其如此。

研究表明，人们认知风险的方式受到以下因素影响：

- 那些评估风险的人是否是值得信赖的；
- 与众所周知或常见的危害相比，危害是否是未知的、不熟悉的（外来的）或罕见的；
- 风险是否由"其他人"控制，而不是由利益相关者控制；
- 风险是否难忘。令人难忘的风险可能会被认为更严重；
- 虽然估计风险不太可能发生，但发生后会产生重大影响。人们更重视最坏的情况；
- 风险具有重大科学不确定性，或者专家对风险的可能性和严重性存在公开争议。人们关注最坏的情况。
- 风险可引起道德或伦理问题，比如风险和收益分配的公平性，或使社会某一群体的权利受到威胁。例如，与动物进口有关的风险和收益可能就不会在所有利益相关者中平均分享。受益者可能是数量相对较少的进口商，而风险（外来疫病的传入）则可能由大多数畜禽所有者承担；
- 利益相关者认为风险评估和决策过程反应迟钝、未知、不透明或不完整。

7 解释结果

在交流风险分析的结果时，通常会遇到重大挑战，尤其是在概率估计非常低的情况下。大多数人发现很难将非常小的数字概念化。包含大量科学术语的信息可能会使利益相关者难以区分事实、假设和不确定性。结果，他们可能无法理解得出风险分析结论和所做决策的依据。向利益相关者提供的信息需要针对他们的需求和他们对科学术语的理解水平。

8　媒体

　　相对而言，很少有记者具有处理与风险分析相关的复杂科学和政策问题的经验。这使他们很难撰写新闻报道，特别是在时间紧迫的时候。有时他们传达的信息可能不准确。因此，风险评估人员、风险管理人员和风险交流相关人员进行媒体技能培训是很重要的，这将有助于他们与记者合作，提高媒体报道的质量和准确性。他们也应努力与从事媒体工作的个人建立长期的合作伙伴关系。

　　尽管媒体有自己的目标，记者对"什么具有新闻价值"也有自己的判断，但在某些项目被认为不具有新闻价值的情况下，应考虑为广告或公告进行付费。

附录 1　动物卫生进口风险分析模板

摘要

动物卫生进口风险分析涉及的步骤：

1　确定风险分析范围；

2　明确风险分析目的；

3　制订风险交流策略；

4　确认风险分析的信息来源；

5　识别可能与所考虑商品有关的危害；

6　检查《法典》是否针对所考虑商品中的危害提供了卫生措施；

7　对每种危害开展风险评估：

    7.1　确定目标群体；

    7.2　绘制情景树，以确定导致商品在进口时蕴藏危害的各种生物（风险）途径，确定易感和/或暴露的动物以及潜在的暴发情景；

    7.3　开展传入评估，以估计商品将危害引入该国的可能性；

    7.4　开展暴露评估，以估计易感动物和/或人暴露于危害的可能性；

    7.5　开展后果评估，以估计与危害的传入、定殖或传播有关的潜在生物、环境和经济后果的可能程度，以及其发生的可能性；

    7.6　总结释放评估（传入评估）、暴露评估和后果评估的结论，以提供对风险的总体估计（风险估计）；

8　确定是否需要采取卫生措施（风险管理）；

    8.1　评价风险，以确定风险估计值是否大于该国家的可接受风险水平；

    8.2　评价动物卫生备选方案，以有效管理每种危害造成的风险，并确保所选方案与该国根据《SPS 协定》承担的义务相一致；

    8.3　对风险分析进行科学的同行评审；

    8.4　通过酌情通报 WTO 和就所选择的措施做出最终决策，来实施卫生方案；

    8.5　监测和审查可能影响风险分析结论和/或卫生措施实施的因素。

1 确定风险分析范围

通过考虑以下因素，尽可能准确地定义作为风险分析对象的动物或动物产品：

- 动物或动物产品的性质、来源（包括国家）和预期用途；
- 动物物种的科学名称；
- 通常采用的相关生产、制造、加工或测试方法以及质量保证计划（如HACCP）；
- 可能的年度贸易量（如有可能）。

为风险分析起草合适的标题（基于上述内容）。

2 明确风险分析目的

应以合适的形式阐明风险分析的目的，例如：

- 识别和评估【危害】传入【进口国或地区】并传播或定殖的可能性，以及由于进口【动物或动物产品】对动物或人类健康造成潜在后果的可能性和严重程度；
- 推荐适当的卫生措施（如适用）。

3 制订风险交流策略

风险交流策略应该：

- 确认利益相关方；
- 确定何时需要与他们交流；
- 确定适当的交流方式。

4 确认风险分析的信息来源

可以从很多来源中找到有助于识别危害、评估风险和探索风险管理方案的信息，包括：

- OIE 网站（www. oie. int）；
- 其他国家开展的进口风险分析；
- 科学期刊和教科书；
- 有关家畜、水生动物、野生动物和动物园动物疫病的网站；
- 出口国或地区的主管部门。

也可以向各种专家寻求帮助和建议，包括流行病学家、兽医病理学家、病毒学家、微生物学家、寄生虫学家、实验室诊断专家、野生动物专家、生物学家、生态学家、风险分析师、生物统计学家、畜牧专家、农业经济学家、现场兽医和产品专家。

5 识别可能与所考虑商品有关的危害

拟定一份与商品来源物种相关的病原体清单，并根据以下标准确定是否可以将其分类为危害，以便在风险评估中进一步考虑：

5.1 考虑到生产、制造或加工方法，所考虑的商品是否为病原体的潜在媒介？

a）如果答案为"是"，则继续执行步骤 5.2；否则该病原体不是危害。

5.2 出口国或地区是否存在该病原体？

a）如果答案为"是"，请继续执行步骤 5.3。

b）如果答案为"否"，那么是否有足够信心相信出口国或地区主管部门有能力令人满意地证实病原体不存在？[①]

– 如果"是"，则该病原体不是危害。

– 如果"否"，请联系主管部门寻求更多信息或澄清，并继续执行步骤 5.4。除非另有证明，否则假定病原体在出口国或地区可能存在。

5.3 出口国或地区是否存在商品不含病原体的区域或生物安全隔离区？

a）如果答案为"是"，那么是否有足够信息相信出口国或地区主管机构有能力令人满意地证实该病原体不存在，并确保商品仅来自这些无疫区域或无疫生物安全隔离区？

– 如果"是"，则该病原体不是危害。

– 如果"否"，请联系主管当局寻求更多信息或澄清，并继续执行步骤 5.4。除非另有证明，否则假定这些区域或生物安全隔离区可能存在病原体，或者商品可能来源于出口国或地区的其他区域。

b）如果答案为"否"，继续执行步骤 5.4。

5.4 进口国或地区是否存在该病原体？

a）如果答案为"是"，则继续执行步骤 5.5。

b）如果答案为"否"，则该国主管部门是否能够证实病原体不存在？

– 如果答案为"是"，则该病原体分类为危害。

– 如果答案为"否"，则继续执行步骤 5.5，假设存在该病原体，并在合理时间内探索方案以证实病原体存在或不存在（有足够的置信度）。

5.5 对于在出口国（或地区）和进口国（或地区）都报告存在的病原体，如果：

a）处于进口国或地区官方控制计划中，或

---

① 兽医机构评估、动物和/或动物产品的标识和追溯、监测、官方控制计划以及与生物安全有关的饲养管理方式是评估出口国或地区动物群体、区域或生物安全隔离区动物亚群中病原体存在与否可能性的重要参数。

b）已建立不同动物卫生状况的区域或生物安全隔离区，或

c）本地毒株的毒力弱于国际上或出口国（或地区）的毒株。

那么该病原体可被分类为危害。继续执行步骤 6。

注：如果所考虑的病原体中没有一个被分类为潜在的危害，则可在本阶段终止风险分析。

6　检查《法典》是否针对所考虑商品中的危害提供了卫生措施

a）如果答案为"是"，那么该国是否有法律、政策或其他文件要求开展全面的风险分析？

- 如果"是"，则继续执行步骤 7 并开展风险评估。
- 如果"否"，则考虑采用《法典》中规定的卫生措施，因为风险评估并不是履行 WTO 义务所必需的。

b）如果答案为"否"，或者决定采用比《法典》保护水平更高的措施，则继续执行步骤 7 并开展风险评估。

7　对每种危害开展风险评估

7.1　确定目标群体。

需要确定潜在的易感物种，以确保在风险评估中考虑了所有适当的生物途径。易感物种包括在农场饲养、捕获或野生的陆生和水生动物，以及人类（如果该危害有人畜共患可能时）。

7.2　绘制情景树，以确认导致以下情况的各种生物（风险）途径：

- 进口时含有危害的商品；
- 暴露于危害的易感动物和/或人；
- 可能的"暴发"情景。

7.3　开展传入评估，以估计商品将危害引入该国的可能性。

列出每个步骤中考虑的相关生物、国家和动物或动物产品因素。

商品进口时携带危害的可能性是否可以忽略不计？

- 如果答案为"是"，则风险估计（步骤 7.6）结论为可忽略，此时风险分析可以终止。
- 如果答案为"否"，则继续执行步骤 7.4。

7.4　开展暴露评估，以估计易感动物和/或人暴露于危害的可能性。

列出每个步骤中考虑的相关生物、国家和动物或动物产品因素。

易感动物和/或人通过每种暴露途径暴露于危害的可能性是否可以忽略不计？

- 如果答案为"是"，则风险估计（步骤 7.6）结论为可忽略，此时风险分析可以终止。
- 如果答案为"否"，则继续执行步骤 7.5。

7.5 开展后果评估，以估计与危害的传入、定殖或传播有关的潜在生物、环境和经济后果的可能程度及其发生的可能性。

列出考虑的相关直接和间接后果。

与危害相关的每一个重大生物、环境或经济后果的可能性是否可以忽略不计？

- 如果答案为"是"，则风险估计（步骤7.6）结论为可忽略，此时风险分析可以终止。
- 如果答案为"否"，则继续执行步骤7.6。

7.6 风险估计：总结传入评估（释放评估）、暴露评估和后果评估的结果和/或结论，并继续执行步骤8。

8 风险管理

8.1 风险评价：

风险估计值是否大于该国家的可接受风险水平？

- 如果答案为"是"，则继续执行步骤8.2。
- 如果答案为"否"，那么没有理由实施卫生方案，风险分析也就到此为止。

8.2 备选方案评价：

通过考虑从危害传入、到易感动物和/或人暴露于危害的可能风险途径以及由此产生的重大后果，制定一个目标，明确说明卫生措施的预期结果。

确定可能的卫生措施，包括《法典》中规定的措施：

- 如果有科学证据证明《法典》中的措施不能达到进口国或地区的可接受风险水平，则可以基于风险评估，采取更高保护水平的措施。
- 可以采用比《法典》推荐的更为宽松的措施，只要有充分证据证明这些措施能达到进口国或地区的可接受风险水平。

通过确保以下方面，选择能够达到进口国或地区可接受风险的一种方案或多种方案的组合：

- 备选方案不是随意选择或应用的，而是基于科学原理和风险分析：
  - 评估危害传入、暴露、定殖或传播的可能性，以及根据可能采取的措施估计生物、环境和经济后果发生的程度和可能性。

- 贸易的负面影响最小化：
  - 选择在技术、操作和经济上可行的措施；
  - 仅在保护人类或动物生命或健康所必需的范围内采取措施；
  - 避免出现对风险途径的某些部分进行过度管理的情况；
  - 从整个风险途径的整体角度考虑每项措施，而不是孤立地考虑；
  - 考虑到如果某项特定措施对降低总体风险的贡献微不足道或可忽略，那么该措施实际上是多余的，不应包括在内。包括多余的措施是没有道理的，因为将其包括在内可能会造成不必要和不合理的技术和/或实施困难，以及导致不必要的成本上涨；

- 不太可能需要在风险途径的每一步都采取卫生措施，以达到进口国或地区的可接受风险；

- 确保在出口国或地区条件（如疫病状况、控制计划）相似的情况下，所选措施不会导致进、出口国或地区之间的歧视，也不会导致给予一个出口国或地区相对于另一个出口国或地区的优惠待遇。

8.3　科学的同行评审

委托进行科学的同行评审，以确保风险分析在技术上可靠，并且所选的卫生措施适合具体情况并符合《SPS 协定》规定的国际义务。

8.4　实施

进行科学的同行评审，以确保风险分析在技术上可靠，并且所选的卫生措施适合具体情况并符合《SPS 协定》规定的国际义务。

向 WTO 通报卫生措施的情形：

- 不存在国际标准、指南或建议的措施；

- 与国际标准、指南或建议实质上不同，且可能对其他 WTO 成员的贸易产生重大影响的措施。

做出最终决策并实施卫生措施。

8.5　监测和审查

监测那些可能对风险产生直接影响的因素，例如，

- 出口国（或地区）或进口国（或地区）以及相邻国家或区域动物疫病的变化情况；

- 影响负责出口官员的重大政治变化；

- 影响动物卫生基础设施的自然灾害。

监测在有更新和/或新信息时，可能需要进行定期审查的每个风险分析相关的因素，例如，

- 进口过程中包含最大不确定性或对风险估计影响最大的步骤；

- 进口商品量，尤其是在已经确定了阈值的情况下，如果超过这个阈值，将对进口国或地区的可接受风险产生影响。

监测卫生措施的实施（尤其对于新的卫生措施或者需要在出口国（或地区）或进口国（或地区）改变正常的生产或贸易过程的情况下），通过对兽医机构、疫病控制计划、生产和加工方式以及认证要求等的定期审查，来确保这些措施达到预期效果。

附录 2 从澳大利亚进口活鲤将流行性造血器官坏死病病毒（EHNV）传入英国的风险评估

流行性造血器官坏死病（EHN）病毒属于虹彩病毒科蛙病毒属（Eaton，Hyatt 和 Hengstberger，1991）。该病毒仅在澳大利亚的鱼类中被分离到（Langdon 等，1986），在世界其他地区被认为是外来动物疫病。EHNV 可引起河鲈（*Perca fluviatilis*）大量发病死亡，而在虹鳟（*Oncorhynchus mykiss*）中死亡率较低（Langdon 和 Humphrey，1987）。EHN 被列入了《水生法典》（OIE，2009）。

EHNV 传入英国的途径

可能的传入途径是通过以下进口：

- 鱼类尸体（虹鳟或河鲈）；
- 活的易感物种（虹鳟或河鲈）；
- 其他活的鱼类（可能是未被识别的易感物种或机械媒介）。

鱼类尸体进口

尚无虹鳟或河鲈尸体贸易的报道。然而，OIE 认为直接零售包装的去内脏鱼（冷藏或冷冻）是安全的商品，不受贸易限制（OIE，2009）。因此，无需进一步考虑该途径。

易感鱼类进口

欧洲理事会第 2006/88/EC 号指令将 EHN 列为外来疫病，因此不允许从澳大利亚进口活的易感物种（虹鳟和河鲈）。

可能是未被识别的易感物种或者机械媒介的鱼类的进口

进口其他种类的活鱼也可能存在传入风险。这些鱼类可能表现为亚临床感染（但尚未被确定为易感物种）。此外，病毒也可通过动物污染物（如肠道内容物、皮肤、黏液）或运输鱼类用水以机械方式传入。

亚临床感染

在引入未被识别为 EHNV 易感物种的鱼类之前，要评估该物种不能被感染（临床或亚临床感染）的证据。1989 年，Langdon 开展试验对易感物种的范围进行了调查，共调查了 14 种鱼类，主要是澳大利亚的鱼类。

机械传播

已有证据表明食鱼鸟可机械传播病毒（Whittington 等，1996）。从澳大利亚进口的任何活的水生动物都有可能成为 EHNV 的机械媒介。

评估

针对下述理论货物，评估了 EHNV 传入和定殖的可能性：从 EHNV 呈地方流行性的河流域进口 30 条混合性别的成年鲤，然后直接将鲤运至英国，放入静水休闲渔场。

通过全面的文献查询来收集风险评估所需的数据（如病毒的生物物理特性、易感物种、死亡率和发病率、传播途径、疫病暴发相关因素、英国水域地图、水温、河鲈和虹鳟种群分布、澳大利亚境内病毒和易感物种的地理分布情况）。

构建了 EHNV 随鲤进口传入英国的情景树，并确定了 11 个步骤。

传入评估

（1）易感物种（存在于源流域中）感染了该危害

在这种情况下，鲤来自于易感物种和危害同时存在的河流中。已知 EHNV 在河鲈和虹鳟种群中持续存在。在两次暴发之间，病毒可能持续低度流行。易感物种被感染的可能性估计为"高"。

（2）易感物种散播危害

在河鲈暴发 EHN 期间，其发病率和死亡率都很高，这导致大量病毒颗粒从临床感染鱼身上排出；在 EHN 两次暴发之间，感染鱼群排毒的比例可能非常低，甚至可忽略不计。虹鳟暴发 EHN 时，其发病率和死亡率大大降低。易感物种散播危害的可能性估计为"低"。

（3）鲤（潜在媒介）与易感物种之间有效接触

有效接触可使病原体从易感物种传播至潜在的媒介物种。传播情况取决于排毒量、病毒存活率以及水生动物与易感物种之间的物理距离。河鲈常见于静水或水流缓慢的下游区域，也是常发现鲤的水域。鲤是底栖觅食者，很可能接触环境中的 EHNV，但还没有试验研究支持这一论点。因此，此步骤具有很高的不确定性。有效接触的可能性估计为"中等"。

（4）EHNV 存在于选择装运的鲤中

选择装运的鲤受到危害污染的可能性取决于污染情况或者程度以及货物的大小。如果从流行率至少为 10％ 的鱼群中随机选择 30 条鲤，那么至少选择 1 条受污染鲤的概率为 95％。没有数据可以用来估计污染的发生率；这一步有很高的不确定性。货物中存在 EHNV 污染动物的可能性估计为"高"。

（5）EHNV 在运输中仍然存活

EHNV 抵抗力很强，因此该病毒在货物运至英国后很有可能仍然存活。EHNV 在运输中仍然存活的可能性估计为"高"。

暴露和定殖评估

（6）进口鲤/运输用水释放到有易感物种的环境中

河鲈原产于英国东南部（Maitland 和 Campbell，1992）。在英国，河鲈不是养殖的，而是野生种群自我繁衍。河鲈可能存在于引进鲤的静水渔场中，以及存在于渔场的水流入的河流中。虹鳟偶尔会在湖中与鲤一起放养，它们也会出现在被放养的河流或从渔场逃出的河流中。易感物种存在的可能性估计为"高"。

（7）鲤或运输用水释放的 EHNV 进入环境中

在运输过程中，受污染的动物可能排出病毒，例如，将病毒从肠道或皮肤排入运输用水中。释放到环境中的病毒数量取决于运输用水是否也与鱼一起存放或运输用水是否得到安全处理。在本例中，假设运输用水与鲤一起进入环境。EHNV 释放到环境中的可能性估计为"高"。

（8）易感物种暴露于 EHNV

虹鳟或河鲈是否暴露于病毒取决于：

• 病毒释放区域的易感群体密度；

• 病毒释放量；

• 病毒在环境中的存活情况。

鱼类种群密度变化很大，但在鲤最有可能被放流的静水渔场中，鱼类种群密度中等偏高。病毒的释放量可能非常低，但已知病毒在该环境中能很好地存活。易感物种暴露于 EHNV 的可能性估计为"高"。

（9）易感物种被感染

英国虹鳟和河鲈种群的易感性还没有检测过。然而，它们与澳大利亚种群具有遗传相关性，因此极有可能非常易感。从试验数据来看，病毒定殖需要在水温高于 12℃ 且河鲈暴露于病毒，这种情况至少在英国南部河流部分地区平均每年 18 周连续出现。在英国其他地区，这一时期将会更短。暴露于充当机械媒介的水生动物可能只是低水平的攻毒。但是，通过极低水平的感染性 EHNV 浸泡攻毒，河鲈也能被感染。由于没有证据可用于评估进口一批鲤传入的病毒水平，因此该步骤也有很高的不确定性。易感物种被感染的可能性估计为"低"。

（10）易感物种具有传染性

鲈感染极有可能导致临床发病、病毒排出和死亡。被感染物种具有传染性的可能性估计为"高"。

（11）每起病例不止一条鱼被感染

EHNV 若要定殖，其基本再生数（R_0）必须超过 1。河鲈对低感染剂量的 EHNV 高度敏感，它们经常表现出浅滩行为，这有利于个体之间的接触。$R_0 > 1$ 的可能性估计为"高"。

风险估计

通过引进 30 条鲤（作为机械媒介）使 EHNV 机械传入、暴露并定殖的风险估计为"非常低"，11 个步骤中有 3 个步骤的不确定性很高。

致谢

改编自 Peeler 等（2009）。

参考文献和延伸阅读

扫码看内容

索　引

图书在版编目（CIP）数据

动物和动物产品进口风险分析手册. 第一卷：第 2 版，
简介与定性风险分析 / 世界动物卫生组织编；中国动物
卫生与流行病学中心组译；宋建德，史喜菊主译. —北
京：中国农业出版社，2022.6
　　书名原文：Handbook on import risk analysis for
animals and animal products volume1 2nd edition
　　ISBN 978 - 7 - 109 - 29964 - 1

　　Ⅰ．①动…　　Ⅱ．①世…　②中…　③宋…　④史…　　Ⅲ.
①畜禽卫生－风险分析－手册②动物产品－动物检疫－风
险分析－手册　　Ⅳ．①S851 - 62

中国版本图书馆 CIP 数据核字（2022）第 163263 号

合同登记号：图字 01 - 2022 - 3493 号

动物和动物产品进口风险分析手册
DONGWU HE DONGWU CHANPIN JINKOU FENGXIAN FENXI SHOUCE

中国农业出版社出版
地址：北京市朝阳区麦子店街 18 号楼
邮编：100125
责任编辑：张艳晶
版式设计：杨　婧　责任校对：吴丽婷
印刷：北京通州皇家印刷厂
版次：2022 年 6 月第 2 版
印次：2022 年 6 月北京第 1 次印刷
发行：新华书店北京发行所
开本：787mm×1092mm　1/16
印张：6.25
字数：110 千字
定价：90.00 元